FORSCHUNGSBERICHTE DES LANDES NORDRHEIN-WESTFALEN

Herausgegeben

im Auftrage des Ministerpräsidenten Dr. Franz Meyers

von Staatssekretär Professor Dr. h. c. Dr. E. h. Leo Brandt



Nr. 1012

Dr. rer. pol. Theo Beckermann

Dipl.-Kfm. Meinolf Wulff

Rheinisch-Westfälisches Institut für Wirtschaftsforschung Essen

# Entwicklung und Situation des Baumarktes

Als Manuskript gedruckt

WESTDEUTSCHER VERLAG / KÖLN UND OPLADEN

1961

ISBN 978-3-663-03622-7 ISBN 978-3-663-04811-4 (eBook)
DOI 10.1007/978-3-663-04811-4

# G l i e d e r u n g

# Vorwort

Das Rheinisch-Westfälische Institut für Wirtschaftsforschung wurde zu Beginn des Jahres 1960 von der Wirtschaftsvereinigung Bauindustrie e.V. Nordrhein-Westfalen beauftragt, Entwicklung und Verfassung des Baumarktes zu analysieren. Die Untersuchung soll sich speziell mit den Verhältnissen in Nordrhein-Westfalen auseinandersetzen und wird vom Ministerium für Wirtschaft und Verkehr des Landes Nordrhein-Westfalen finanziell gefördert.

Das Thema umfaßt gleichermaßen wirtschaftspolitische, investitionswirtschaftliche und betriebswirtschaftliche Komponenten. Unter anderem werden aufgezeigt die Abhängigkeit des Baumarktes von wirtschaftspolitischen Entscheidungen, die Investitionstätigkeit der privaten und öffentlichen Wirtschaft und ihre Ausstrahlungen sowie Technisierung und Kommerzialisierung des Bauens mit ihren Konsequenzen für das Gewerbe. In der Tat wird das Gesamtbild der Bauwirtschaft sowohl von äußeren (wirtschaftspolitischen und investitionswirtschaftlichen) Einflüssen als auch von der ihr selber innewohnenden (technischen und wirtschaftlichen) Dynamik bestimmt. Ihre Abhängigkeit von der Investitionsneigung und -richtung der Wirtschaft liegt auf der Hand. Markant zeichnet sich der wachsende Einfluß der Öffentlichen Hand im Baugeschehen ab und nicht minder stark das technische Moment, die Verwendung neuartiger Baustoffe, -elemente und Verfahren und der alle Vorstellungen früherer Jahrzehnte übersteigende Mechanisierungsprozeß.

Diese Arbeit gibt einen Überblick über die Entwicklung des Baumarktes im letzten Jahrzehnt und umreißt darüber hinaus den gegenwärtigen Stand und die aktuellen Probleme. Im übrigen soll sie Ausgangsbasis sein für spezielle Untersuchungen, und zwar insbesondere für die Durchleuchtung der wirtschaftspolitischen und investitionswirtschaftlichen Seite.

Gleichzeitig mit dieser Untersuchung wurden statistische Übersichten zur "Entwicklung und Situation des Baumarktes" speziell in Nordrhein-Westfalen aufgestellt (siehe Anhang).

Essen, den 31. Januar 1961

Rheinisch-Westfälisches Institut
für Wirtschaftsforschung
Der Präsident
Professor Dr. Wessels

## Definition

### I. Die Bauwirtschaft in engerem Sinne [1]

umfaßt alle Gewerbe und Gewerbezweige, deren Leistungen unmittelbar in Bauwerke eingehen. Das sind

1) das Baugewerbe
   - a) Bauhauptgewerbe
     - aa) industrielles ...
     - bb) handwerkliches ...
   - b) Ausbau- und Installationsgewerbe
   - c) Bauhilfsgewerbe

2) die Zulieferer

   Hersteller von
   - Baustoffen: Steine, Zement, Kalk, Bauholz, Baueisen, Kunststoffe, Bitumen u.a.m.
   - vorgefertigten Bauteilen und -elementen: Geschoßhohe Wandtafeln, Geschoßtreppen, Türen, Fenster, Tür- und Fensterstürze, Deckenbalken und -körper u.a. Rohbauteile
   - Stoffen und Elementen für den Ausbau: Tapeten, Linoleum u.a. Fußbodenbeläge, Wand- und Deckenelemente aus Holz und Kunststoff usw., Installationsmaterial aller Art.

---

1. Zur Bauwirtschaft im weiteren Sinne zählen darüber hinaus
   a) die Produktion von Baumaschinen und -geräten, Baugerüsten, Lastkraftwagen und Zugmaschinen für die Bauwirtschaft sowie Betriebs- und Hilfsstoffe hierfür (Vorlieferanten) und
   b) die Ausstattung von Wohn- und Nicht-Wohngebäuden mit Hausrat, Möbeln, Fensterbehängen, Fußbodenbelägen u.a.m., die Elektrifizierung von Bahnstrecken und dgl. sowie alle Verkehrsleistungen für die Bauwirtschaft

## II. Bauhaupt-, Ausbau- und Bauhilfsgewerbe[2)]

### Bauhauptgewerbe

Hoch-, Tief- und Ingenieurbau
Straßenbau
Eisenbahnoberbau
Schornstein-, Feuerungs- und Industrieofenbau
Isolierbau (Kälte-, Wärme-, Feuchtigkeits- und Schallschutz)
Brunnenbau
Abbruch
Zimmer- und Dachdeckergewerbe
Stukkateur-, Gipser- und Verputzergewerbe

### Ausbau- und Installationsgewerbe

Klempnerei-, Gas- und Wasserinstallation
Elektroinstallation
Bauten- und Eisenschutz
Glaser
Maler-, Baulackierer- und Tapezierergewerbe
Fliesen- und Plattenlegergewerbe
Steinholz-, Mosaik- und Terrazzolegergewerbe
Parkettlegergewerbe
Backofenbau

### Bauhilfsgewerbe

Hausfassadenreinigungs- und Gerüstbaubetriebe

---

2. Eine eingehende Definition des Baugewerbes bringt Emil von LUCADOU: Struktur und Probleme des Bauhauptgewerbes, Bauverlag GmbH., Wiesbaden-Berlin, 1960, S. 9 ff

## 1. Das Baugewerbe in der Gesamtwirtschaft

Der Anteil des Baugewerbes an Industrie, Handwerk und sonstigem produzierenden Gewerbe ist - freilich bei starken zwischenzeitlichen Schwankungen - den Beschäftigten nach seit Anfang dieses Jahrhunderts ziemlich konstant geblieben. Das Bauhauptgewerbe vereinigte 1907 rund 10 vH (Deutsches Reich), 1950 dagegen (in der Bundesrepublik) 11,2 vH und 1959 10,5 vH der industriell und gewerblich beschäftigten Personen auf sich.

Mißt man andererseits den Wert der gesamten Bauproduktion, also die Bauinvestitionen und den Aufwand für Instandhaltung und -setzung, am Bruttosozialprodukt, so ergibt sich zumindest seit den 1920er Jahren ein kräftiges Wachstum. Von 1925 bis 1932 lag in Deutschland der Wert der baugewerblichen Produktion durchschnittlich bei 8,7 vH des Bruttosozialprodukts[3]. Zur nationalsozialistischen Zeit erhöhte sich der Prozentsatz beträchtlich - von 6,1 im Jahre 1933 auf 12,1 im Jahre 1938. In den letzten Jahren war er (in der Bundesrepublik) ebenso hoch oder sogar höher als kurz vor Ausbruch des Krieges; er betrug beispielsweise 1954 fast 12 vH und 1959 rund 13 vH.

In welchem Maße die Bautätigkeit in den letzten 30 Jahren gesteigert werden konnte, zeigen folgende Zahlen. Im Gebiet der heutigen Bundesrepublik wurden in den Jahren 1928/30, also zu einer Zeit, als die Wohnungsbautätigkeit für damalige Verhältnisse sehr rege war, im Durchschnitt noch nicht 180 000 Wohnungen errichtet, im Durchschnitt der Jahre 1949/1959 dagegen schätzungsweise 470 000.

Der Rohzugang bei Nicht-Wohngebäuden betrug 1937 im Deutschen Reich (einschl. Saarland) knapp 77 Mill. cbm (umbauten Raumes); demgegenüber waren es 1959 im "sontigen Hochbau" allein in der Bundesrepublik 120 Mill. cbm. Das reale Tiefbauvolumen hat sich in der Bundesrepublik und in Nordrhein-Westfalen allein von 1952 bis 1959 mehr als verdoppelt.

Das nominale Bauvolumen wuchs von knapp 9 Mrd. RM (1929) bzw. 12,2 Mrd. RM (1938) im jeweiligen Reichsgebiet auf 17 Mrd. DM (1953) und

---

3. Vgl.: Institut für Wirtschaftsforschung, München: Statistisches Handbuch der Bauwirtschaft, 1949, S. 72. - Die Beiträge des gesamten Baugewerbes zum Sozialprodukt (Nettoproduktionswerte) sind für die Vorkriegszeit nicht bekannt, hier werden daher die Umsätze zum Bruttosozialprodukt in Beziehung gesetzt

reichlich 32 Mrd. DM (1959) im wesentlich kleineren Bundesgebiet. Das reale Wachstum dürfte (1959 gegenüber 1929) bei rd. 70 vH - Preisbasis 1950 - liegen.

Mit 32 Mrd. DM war der insgesamt aus Bauten erzielte Umsatz im Jahre 1959 größer als beispielsweise der Umsatz der Ernährungsindustrie (28,4 Mrd. DM), des Maschinenbaus (20,9 Mrd. DM), der chemischen Industrie (19,7 Mrd. DM) oder der elektrotechnischen Industrie (16,1 Mrd. DM) und ebensogroß wie derjenige des Fahrzeugbaus, des Schiffbaus, der Eisen-, Blech- und Metallwarenindustrie, des Stahlbaus und der feinmechanischen und optischen Industrie zusammen (insgesamt 31,8 Mrd. DM[4]).

Insgesamt wurden in der Bundesrepublik ohne Saarland und West-Berlin nach dem Kriege (von 1949 bis 1959) rund 205 Mrd. DM für Bauten ausgegeben.

### a) Zur Entwicklung der einzelnen Bausparten

Die Bedeutung der einzelnen Bausparten im Rahmen der gesamten Bauleistung schwankte in den letzten Jahrzehnten stark. Vor dem ersten Weltkrieg und in den 20er Jahren dieses Jahrhunderts rechnete man im groben Durchschnitt mit einem Anteil des Wohnungsbaus, des gewerblichen, industriellen und landwirtschaftlichen Baus sowie des öffentlichen und Verkehrsbaus von je einem Drittel[5].

Nach dem Zusammenbruch stand das Baugewerbe vor ungewöhnlichen Aufgaben. Es herrschte nicht nur starke Wohnungsnot, sondern es lagen auch zahlreiche Gewerbe- und Industrieanlagen, Straßen, Eisenbahn- und sonstige Verkehrsanlagen in Trümmern. Auch die Wasser-, Gas- und Stromanlagen, ja selbst die Abwässerungsanlagen waren in Mitleidenschaft gezogen.

Das Wohnungsdefizit im weiteren Sinne, d.h. der Überschuß der Anzahl sämtlicher Haushaltungen über diejenige sämtlicher Wohnungen, betrug 1950 in der Bundesrepublik fast 4,6 Mill. So hob sich, obwohl auch die Bauleistung in den übrigen Bereichen kräftig zunahm, der Anteil des Wohnungsbaus an der gesamten Bauleistung in der Nachkriegszeit beträchtlich; er betrug - gemessen am realen Bauvolumen[6] - 1950 45 vH,

---

4. Nur Betriebe mit 10 und mehr Beschäftigten
5. Der landwirtschaftliche Bau machte vor dem Kriege und macht auch heute nur einen Bruchteil der Gesamtleistung aus
6. Reales und nominales Bauvolumen lt. Berechnungen des DJW

## Tabelle 1

Preisindex für Wohngebäude
Bundesrepublik, 1950 bzw. 1954 = 100

| Zeit | Jahresdurchschnitt 1950 = 100 | Jahresdurchschnitt 1954 = 100 |
|---|---|---|
| 1954 | 120 | 100 |
| 1955 | 126 | 105 |
| 1956 | 130 | 108 |
| 1957 | 134 | 112 |
| 1958 | 138 | 116 |
| 1959 | 146 | 122 |
| 1960 | | 131 |

Quelle: Statistisches Bundesamt

1954 fast 52 vH und 1959 45 vH. Der Rohzugang an Wohnungen lag in den Jahren 1924 bis 1939 im jetzigen Bundesgebiet bei etwa 2,4 Mill. Wohnungen; dagegen sind hier allein von 1949 bis 1959 rund 5,2 Mill. Wohnungen fertiggestellt worden. Damit liegt die Bundesrepublik der absoluten Zahl nach an der Spitze aller westeuropäischen Länder. Auch dem relativen Umfang nach behauptet die Bundesrepublik - mit 10,5 Neuwohnungen je 1000 Einwohner im Jahre 1959 - den ersten Platz in Westeuropa.

Der Anteil der gewerblichen und industriellen Bautätigkeit an der Gesamtbauleistung war in den ersten Jahren nach der Währungsreform ebenso groß wie der des öffentlichen und Verkehrsbaus. Seit 1951 hat sich die Relation zugunsten des letzteren verschoben. In den Jahren 1952/55 standen - immer gemessen am realen Bauvolumen - Anteilen des öffentlichen und Verkehrsbaus von 23,2 bis 26,4 vH solche des gewerblichen und industriellen Baus von 21,6 bis 23,2 vH gegenüber. 1958/59 betrugen die entsprechenden Prozentsätze 31,3 (öffentlicher und Verkehrsbau) und 20,3 (gewerblicher und industrieller Bau). Im ganzen wuchs der öffentliche und Verkehrsbau von 1950 bis 1959 um reichlich 182 vH. Im Rahmen des öffentlichen und Verkehrsbaus hat sich der Tiefbau auf Grund der wachsenden Bedeutung des Straßenbaus erheblich kräftiger entfaltet als der Hochbau. Dieser vereinigte 1953 etwa ein Drittel, 1959 dagegen nur noch 26,4 vH der insgesamt für den öffentlichen und Verkehrsbau geleisteten Arbeitsstunden auf sich.

b) Regionale Verschiebungen

Wuchs die Bautätigkeit von 1949 bis 1956 im gesamten Gebiet der Bundesrepublik ziemlich gleichmäßig, so bildete sich in der Zeit von 1956 bis 1958 ein klares Nord-Südgefälle heraus. Der Umsatz des Bauhauptgewerbes nahm in dieser Zeit in Schleswig-Holstein um 31 vH, in Niedersachsen um 20, in Nordrhein-Westfalen um 11 vH, in Baden-Württemberg um 7 vH und in Bayern um knapp 3 vH zu. Dagegen schnitten im Baujahr 1959 umgekehrt die süddeutschen Länder im ganzen erheblich besser ab als die norddeutschen. So wuchs die Bautätigkeit gegenüber 1958 dem Umsatz des Bauhauptgewerbes nach im Durchschnitt der Länder Nordrhein-Westfalen, Schleswig-Holstein und Niedersachsen um 16 vH, in Rheinland-Pfalz, Hessen, Baden-Württemberg und Bayern dagegen um 32 vH, also genau doppelt so stark. Besonders groß war die Abweichung zwischen Nordrhein-Westfalen und Bayern; hier stieg der Umsatz des Bauhauptgewerbes um 51 vH, in Nordrhein-Westfalen dagegen um 11 vH.

Die Bauwirtschaft Nordrhein-Westfalens steht nunmehr schon seit Jahren an der Grenze ihrer Leistungsfähigkeit; sie war auch in den letzten Jahren voll- oder sogar überbeschäftigt. Dagegen sind die Randbezirke der Bundesrepublik, vor allem die ausgedehnten Grenzzonen Bayerns, erst 1958/59 in die Hochkonjunktur hineingewachsen. Dort läuft daher auch die Bauwirtschaft erst seit jüngerer Zeit auf vollen Touren.

Obwohl die Bautätigkeit im übrigen Bundesgebiet während der letzten Jahre rascher gewachsen ist als in Nordrhein-Westfalen, ist das Bauvolumen hier immer noch relativ hoch. 1959 machte der Umsatz des nordrhein-westfälischen Bauhauptgewerbes bei einem Bevölkerungsanteil von 30 vH rund 32 vH des Gesamtumsatzes des westdeutschen Bauhauptgewerbes aus. Der Umsatz des Bauhauptgewerbes je Einwohner betrug in diesem Land 432 DM und lag um 36 DM über dem des übrigen Bundesgebiets.

Die hohe Bauaktivität Nordrhein-Westfalens beruht auf den vergleichsweise großen Leistungen für den Wohnungsbau sowie für den gewerblichen und industriellen Sektor. Der Umsatz des Bauhauptgewerbes je Einwohner betrug 1959 im Wohnungsbau 178 DM (übriges Bundesgebiet 158 DM) und der Umsatz im gewerblichen und industriellen Bau (je beschäftigten Arbeitnehmer in Industrie und Gewerbe) 412 DM (übriges Bundesgebiet 332 DM).

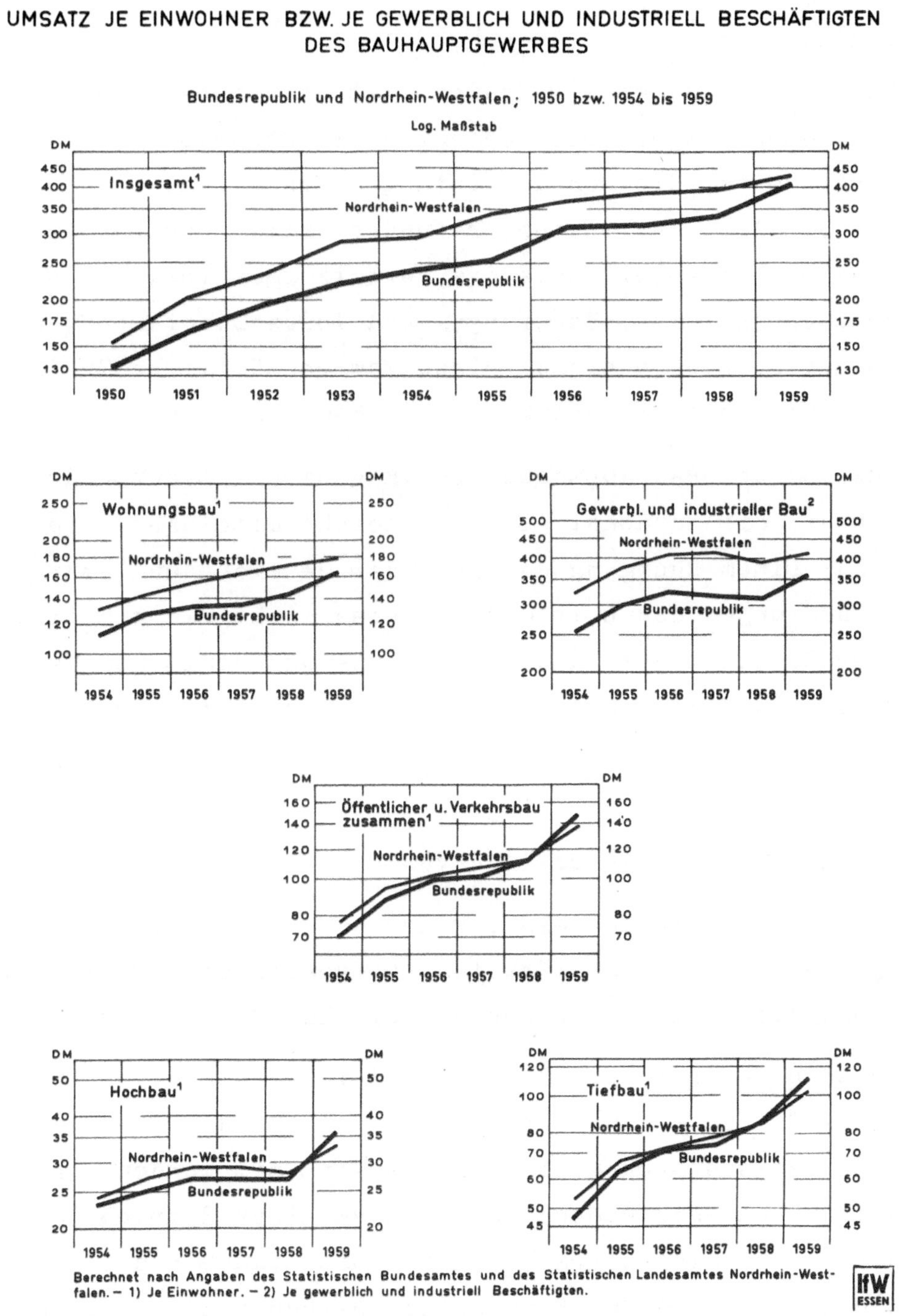


A b b i l d u n g 1

Umsatz je Einwohner bzw. je gewerblich und industriell Beschäftigten des Bauhauptgewerbes

Dagegen bleibt Nordrhein-Westfalen im öffentlichen und Verkehrsbau erheblich hinter den anderen westdeutschen Ländern zurück.

## c) Das Bauhauptgewerbe

Wie die Übersicht auf Seite 8 zeigt, ist das Bauhauptgewerbe nur ein Teil des gesamten Baugewerbes; es umfaßt im Hochbausektor in erster Linie Gewerbezweige, die Rohbauleistungen erstellen. Dazu gehören unter anderem der Stahlbeton-, Ingenieur- und sonstige Hochbau einschließlich Zimmerei und Dachdeckerei sowie das Verputzergewerbe, der sogenannte Spezialbau (Schornstein-, Feuerungs- und Industrieofenbau, Isolierbau, Brunnenbau und Abbruchgewerbe). Hinzu kommen sämtliche Zweige des Tief- und Ingenieurbaus mit Einschluß des Straßenbaugewerbes.

Die Entwicklung des Bauhauptgewerbes im ganzen ist durch drei Tendenzen gekennzeichnet, die zunächst nicht so leicht miteinander in Einklang zu bringen sind: Einem Rückgang der Zahl der Betriebe und starken kurzfristigen Veränderungen des Betriebsbestandes steht ein kräftiger Anstieg der Zahl der Beschäftigten und der Umsätze und damit ein Wachstum der Betriebsgröße und der Leistungen der einzelnen Betriebe gegenüber.

Die Zahl der Betriebe des Bauhauptgewerbes verminderte sich von 1950 bis 1959 (Stichtag jeweils 31. Juli) in der Bundesrepublik um 8,8 vH und in Nordrhein-Westfalen um 11,4 vH.

Der Rückgang war im Schornstein-, Feuerungs- und Industrieofenbau sowie in der Zimmerei relativ am stärksten. Demgegenüber verzeichneten die Verputzer und die Isolierer einen erheblichen Zuwachs an Betrieben.

Die Fluktuation der Betriebe und damit der selbständigen Existenzen im nordrhein-westfälischen Bauhauptgewerbe ist für die Jahre von 1949/50 bis 1959 statistisch nachweisbar. In dieser Zeit wurden - gemessen am durchschnittlichen Betriebsbestand - 74 vH aller Betriebe geschlossen, und es kamen 64 vH neue Betriebe hinzu. Die Minus- und Plusveränderung im ganzen oder der Grad der Fluktuation betrug somit in diesen 10 Jahren 138 vH und im Durchschnitt dieser Jahre 13,8 vH. Dem stand im gesamten westdeutschen Bauhauptgewerbe in den Jahren von 1953 bis 1959 ein durchschnittlicher Prozentsatz von 9 gegenüber. Die Fluktuation ist bei den Klein- und Kleinstbetrieben, wie sie sich vor allem im Bauhandwerk finden, besonders stark.

Die Zahl der Beschäftigten des Bauhauptgewerbes wuchs in den Jahren 1950 bis 1959 um 41 vH (Bundesrepublik) bzw. 44 vH (Nordrhein-Westfalen) und die durchschnittliche Beschäftigtenzahl je Betrieb von knapp 15 auf 24 (Bundesrepublik) bzw. von 17 auf 28 (Nordrhein-Westfalen). Den größten Anstieg der Beschäftigtenzahl buchte neben verschiedenen

Spezialzweigen der Hoch-, Tief- und Ingenieurbau (einschließlich Straßenbau). In dieser wichtigen Gruppe, auf die im Juli 1959 in der Bundesrepublik ohne Berlin fast 86 vH und in Nordrhein-Westfalen knapp 84 vH des Umsatzes des Bauhauptgewerbes entfielen, tritt auch der Zug zum größeren Betrieb besonders stark in Erscheinung.

Im gesamten Bauhauptgewerbe war das Wachstum der durchschnittlichen Betriebsgröße schon 1955/56 im wesentlichen abgeschlossen[7]. Einmal wurden der weiteren Ausdehnung der Beschäftigtenzahl durch den Mangel an Arbeitskräften Grenzen gesetzt; zum anderen konnte die Produktion infolge der verstärkten Mechanisierung des Bauschaffens weitgehend der wachsenden Nachfrage angepaßt werden. Immerhin ist das Wachstum der Betriebsgröße gegenüber früheren Jahrzehnten beachtlich, beschäftigten die Betriebe des Bauhauptgewerbes doch beispielsweise im Sommer 1925 im Bundesgebiet ohne Saarland und Berlin im Durchschnitt nur knapp 10 Beschäftigte je Betrieb[8]. Der Umsatz je Betrieb erhöhte sich von 1950 bis 1959 sowohl in der Bundesrepublik als auch in Nordrhein-Westfalen auf etwa das Doppelte. Dem stand ein Anstieg des Umsatzes aller Betriebe des Bauhauptgewerbes von 6,2 Mrd. DM auf 21,1 Mrd. DM oder um 240 vH (BR) bzw. von 2 Mrd. DM auf 6,7 Mrd. DM oder um 235 vH (NRW) gegenüber.

Trotz des Anwachsens der Belegschaften überwiegen im Baugewerbe nach wie vor die Klein- und Mittelbetriebe, wobei allerdings das Schwergewicht auf den mittleren Kategorien liegt. 1959 entfielen in Nordrhein-Westfalen 49 vH aller Betriebe des Bauhauptgewerbes auf die Größenklasse 1 bis 9 Beschäftigte. Die Betriebe mit 10 bis 49 Beschäftigten vereinigten 37,2 vH, die Betriebe mit 50 bis 99 Beschäftigten 8,2 vH, die Betriebe mit 100 bis 499 Beschäftigten 5,3 vH und diejenigen mit 500 und mehr Beschäftigten 0,3 vH aller Betriebe des Bauhauptgewerbes auf sich. Geht man von den Leistungen aus, so ergibt sich freilich ein anderes Bild; im Juli 1959 entfielen 46,3 vH des Gesamtumsatzes des nordrhein-westfälischen Baugewerbes auf die Betriebe mit 100 und mehr Beschäftigten und nur 14,8 vH auf die Betriebe mit 1 bis 19 Beschäftigten. Für die Bundesrepublik lauten die entsprechenden Prozentsätze 46,3 bzw. 17.

---

7. Die Zahl der Beschäftigten des nordrhein-westfälischen Bauhauptgewerbes erreichte bereits 1957 ihren bisher höchsten Stand; seither ist sie leicht (bis 1959 um 0,3 vH) zurückgegangen

8. Vgl. v. LUCADOU: Struktur und Probleme des Bauhauptgewerbes, a.a.O., S. 20

T a b e l l e 2

Zur Entwicklung des Bauhauptgewerbes und der Bauindustrie
Bundesrepublik und Nordrhein-Westfalen

| | Bauhauptgewerbe | | Bauindustrie | | Anteile in vH | | Bauhauptgewerbe | | Bauindustrie | |
|---|---|---|---|---|---|---|---|---|---|---|
| | | | | | Bauindustrie am gesamten Bauhauptgewerbe | | | | | |
| | BRD | NRW | BRD | NRW | BRD | NRW | BRD | NRW | BRD | NRW |
| Zahl der Betriebe | | | | | | | Beschäftigte je Betrieb | | | |
| Juli 1950 | 64 343 | 17 091 | 3 818 | 1 196 | 5,9 | 7,0 | 14,9 | 16,7 | 85,7 | 86,7 |
| " 1951 | 65 241 | 16 253 | 3 674 | 1 359 | 5,6 | 8,4 | 14,7 | 18,8 | 87,0 | 84,7 |
| " 1952 | 66 542 | 16 007 | 3 800 | 1 471 | 5,7 | 9,2 | 16,0 | 20,5 | 91,8 | 89,1 |
| " 1953 | 64 682 | 15 881 | 3 779 | 1 516 | 5,8 | 9,5 | 18,1 | 23,6 | 99,6 | 90,8 |
| " 1954 | 63 598 | 15 194 | 3 748 | 1 497 | 5,9 | 9,9 | 19,6 | 25,8 | 106,6 | 98,5 |
| " 1955 | 62 836 | 15 278 | 3 883 | 1 631 | 6,2 | 10,7 | 22,1 | 28,3 | 116,0 | 101,8 |
| " 1956 | 61 750 | 15 374 | 3 965 | 1 633 | 6,4 | 10,6 | 22,8 | 28,6 | 115,1 | 106,2 |
| " 1957 | 60 482 | 15 185 | 3 904 | 1 613 | 6,5 | 10,6 | 21,7 | 27,9 | 108,3 | 102,7 |
| " 1958 | 59 256 | 15 039 | 3 975 | 1 655 | 6,7 | 11,0 | 23,1 | 28,7 | 114,0 | 101,1 |
| " 1959 | 58 696 | 15 141 | 4 045 | 1 681 | 6,9 | 11,1 | 24,0 | 28,2 | 115,2 | 95,7 |
| Zahl der Beschäftigten | | | | | | | Beschäftigte je 1 000 Einwohner | | | |
| Juli 1950 | 960 882 | 285 642 | 327 117 | 103 761 | 34,0 | 36,3 | 20,5 | 22,1 | 7,0 | 8,0 |
| " 1951 | 962 236 | 306 459 | 319 491 | 115 148 | 33,2 | 37,6 | 20,3 | 23,2 | 6,7 | 8,7 |
| " 1952 | 1 064 111 | 329 041 | 348 686 | 121 860 | 32,8 | 37,0 | 22,3 | 24,4 | 7,3 | 9,0 |
| " 1953 | 1 168 671 | 374 358 | 376 550 | 137 606 | 32,2 | 36,8 | 24,3 | 27,1 | 7,8 | 10,0 |
| " 1954 | 1 244 132 | 391 820 | 399 713 | 147 441 | 32,1 | 37,6 | 25,5 | 27,7 | 8,2 | 10,4 |
| " 1955 | 1 386 210 | 431 378 | 450 342 | 167 002 | 32,5 | 38,7 | 28,2 | 29,9 | 9,2 | 11,6 |
| " 1956 | 1 406 580 | 440 446 | 456 474 | 173 490 | 32,5 | 39,4 | 28,2 | 29,9 | 9,2 | 11,8 |
| " 1957 | 1 313 885 | 424 422 | 422 721 | 165 711 | 32,2 | 39,0 | 26,0 | 28,2 | 8,4 | 11,0 |
| " 1958 | 1 367 323 | 431 065 | 453 273 | 167 385 | 33,2 | 38,8 | 26,7 | 28,1 | 8,9 | 10,9 |
| " 1959 | 1 409 125 | 426 668 | 465 923 | 160 939 | 33,1 | 37,7 | 27,2 | 27,4 | 9,0 | 10,3 |
| Umsatz (in 1 000 DM) | | | | | | | Umsatz je Beschäftigen DM | | | |
| Juli 1950 | 537 874 | 179 564 | 205 510 | 72 548 | 38,2 | 40,4 | 560 | 629 | 628 | 699 |
| " 1951 | 623 529 | 210 662 | 258 309 | 89 029 | 41,4 | 42,3 | 648 | 687 | 809 | 773 |
| " 1952 | 855 284 | 284 799 | 353 853 | 115 927 | 41,4 | 40,7 | 804 | 866 | 1 015 | 951 |
| " 1953 | 1 021 841 | 355 934 | 414 551 | 148 067 | 40,6 | 41,6 | 874 | 951 | 1 101 | 1 076 |
| " 1954 | 1 147 318 | 387 607 | 451 141 | 161 083 | 39,3 | 41,6 | 922 | 989 | 1 129 | 1 093 |
| " 1955 | 1 369 357 | 460 422 | 535 510 | 201 609 | 39,1 | 43,8 | 988 | 1 067 | 1 189 | 1 207 |
| " 1956 | 1 567 323 | 539 861 | 636 816 | 252 002 | 40,6 | 46,7 | 1 114 | 1 226 | 1 395 | 1 453 |
| " 1957 | 1 483 801 | 529 298 | 563 824 | 229 612 | 38,0 | 43,4 | 1 129 | 1 247 | 1 334 | 1 386 |
| " 1958 | 1 678 961 | 581 622 | 656 158 | 254 080 | 39,1 | 43,7 | 1 228 | 1 349 | 1 448 | 1 518 |
| " 1959 | 2 016 002 | 627 873 | 799 202 | 267 980 | 39,6 | 42,7 | 1 431 | 1 472 | 1 715 | 1 665 |

Berechnet nach Angaben des Statistischen Bundesamtes und des Statistischen Landesamtes Nordrhein-Westfalen

Was die Beteiligung der einzelnen Betriebsgrößen an den verschiedenen Bauarten angeht, so läßt sich folgende Regel aufstellen. Die Klein- und ein Teil der mittleren Betriebe sind hauptsächlich im Wohnungs- sowie im landwirtschaftlichen Bau tätig. Die größeren Mittelbetriebe haben im allgemeinen ein gemischtes Programm, d.h. sie übernehmen sowohl (größere) Wohnungsbauaufträge als auch öffentliche Bauprojekte, und zwar oft nicht nur solche des Hochbaus, sondern auch solche des Tiefbaus. Zwar liegt das Schwergewicht in den meisten Fällen entweder auf Hochbau- oder Tiefbauarbeiten; viele dieser Betriebe sind aber sowohl ingenieur-, als auch kapital- und ausrüstungsmäßig elastisch genug, sich etwa wechselnder Nachfragestruktur rasch anzupassen. Übersteigen die Anforderungen das Leistungsvermögen einzelner Firmen, so werden - in jüngerer Zeit zunehmend - Arbeitsgemeinschaften gebildet. Großvorhaben werden sogar durchweg nur an Arbeitsgemeinschaften vergeben, obwohl Großunternehmen solche Bauvorhaben allein durchführen könnten. Demgegenüber hat sich das "Generalunternehmen", das anderwärts, z.B. in den Vereinigten Staaten und in der Schweiz, beachtliche Erfolge aufzuweisen hat, in Deutschland nicht recht durchsetzen können.

## d) Die Bauindustrie in Nordrhein-Westfalen

Die Betriebe des Bauhauptgewerbes zählen teils zum Handwerk und teils zur Industrie. Dieser Sachverhalt ist jedoch weniger ökonomisch oder technisch als traditionell bedingt. Lediglich der Tief- und Ingenieurbau ist seiner Natur nach industriellen Ursprungs, was auch darin zum Ausdruck kommt, daß heute noch relativ viele Klein- und Mittelbetriebe dieser Sparte zur Bauindustrie zählen. Im ganzen ist die Grenze zwischen Handwerk und Industrie im Bausektor aber flüssiger als in anderen Bereichen. Abgesehen von gewissen Spezialleistungen, die fast ausschließlich von der Industrie erstellt werden, wie etwa größere Industrieanlagen, Talsperren, Häfen, große Brücken und allgemein Anlagen mit komplizierten Gründungen, sind beide "Betriebssysteme" auf allen Sektoren des Bauwesens tätig, und innerhalb derselben Größenklasse unterscheiden sich die Betriebe oft auch in der Beschäftigtenstruktur kaum voneinander Es gibt demnach, abgesehen von den extremen Betriebsgrößen, vor allem im oberen Bereich, keine dem Handwerk oder der Industrie ausschließlich eigene Züge. Dennoch lassen die statistischen Durchschnittswerte der Betriebsgrößen, der Zusammensetzung der Belegschaften und der Mechanisierung sowie die - im ganzen - unterschiedliche Produktionsausrichtung gewisse Strukturunterschiede erkennen.

Die durchschnittliche Betriebsgröße betrug 1959 im handwerklichen Baugewerbe Nordrhein-Westfalens 20 Beschäftigte je Betrieb, in der Bauindustrie[9] dagegen 96. Auch sind hier die Anteile der kaufmännischen und technischen Angestellten, der Poliere, Schachtmeister und Meister, der "übrigen" Facharbeiter (Maschinisten, Kranführer und dgl.) sowie der Helfer und Hilfsarbeiter an den Gesamtbeschäftigten wesentlich höher als im Bauhandwerk, das seinerseits vergleichsweise viele tätige Betriebsinhaber, Maurer, gewerbliche Lehrlinge, Umschüler und Anlernlinge aufweist. Die industriellen Baubetriebe sind überdies stärker mechanisiert als die handwerklichen, was allerdings weniger in der Stückzahl, als in den Dimensionen und der Leistungsfähigkeit der einzelnen Maschinen und Geräte zum Ausdruck kommt.

Der höhere Grad der Mechanisierung geht aus folgenden Umsatzwerten deutlich hervor; so betrug im Juli 1959 der Umsatz je geleistete Arbeitsstunde und je Beschäftigten in der nordrhein-westfälischen Bauindustrie 9,46 DM bzw. 1 665 DM, im handwerklichen Bauhauptgewerbe dagegen 7,96 DM bzw. 1 354 DM.

Das wirtschaftliche Gewicht von Bauhandwerk und -industrie hat sich nach dem Kriege bei leichtem Gewinn der letzteren nur wenig verändert. Wohl mußte das Bauhandwerk in Nordrhein-Westfalen von 1950 bis 1959 einen beträchtlichen Verlust an Betrieben hinnehmen (-15,3 vH), während die Bauindustrie einen Zugang von rund 41 vH buchen konnte. Indessen ist zu berücksichtigen, daß das Bauhandwerk die Masse der Betriebe und außerdem den entscheidenden Teil der auch heute noch sehr lohnintensiven Dachdecker-, Zimmer- und Stukkateurbetriebe umfaßt. Im übrigen wechseln immer wieder größere Handwerksbetriebe zur Industrie über; solche Vorgänge zählen aber (im Vergleich zwischen den beiden "Betriebsformen") doppelt, da der Schwund bei der einen Organisation für die andere Gewinn bedeutet. Aus diesem Sachverhalt erklärt sich im wesentlichen

---

9. Zur Bauindustrie zählen die Firmen oder selbständigen Niederlassungen von Firmen, soweit sie ausschließlich im Handelsregister eingetragen sind. Niederlassungen gelten im allgemeinen als selbständig, wenn sie eine eigene technische und kaufmännische Leitung besitzen und selber abrechnen, auch wenn das Ergebnis an das Stammhaus weitergegeben wird. Firmen, die weder ihr Stammhaus noch eine Niederlassung in NRW haben, sondern nur eine Baustelle, sind für die Dauer der "Baustelle" Mitglied der Wirtschaftsvereinigung Bauindustrie

## Tabelle 3

Wichtige Geräte[1] absolut und je 100 Beschäftigte
im Bauhauptgewerbe und in der Bauindustrie
Bundesrepublik und Nordrhein-Westfalen
1959

| | | Bauhauptgewerbe | | Bauindustrie | | Bauhauptgewerbe | | Bauindustrie | |
|---|---|---|---|---|---|---|---|---|---|
| | | BRD | NRW | BRD | NRW | BRD | NRW | BRD | NRW |
| | | absolut | | | | je 100 Beschäftigte | | | |
| Betonmischer | Stück | 113 258 | 35 896 | 20 067 | 7 554 | 8,0 | 8,4 | 4,3 | 4,7 |
| Turmdrehkrane | " | 8 726 | 2 970 | 3 576 | 1 297 | 0,6 | 0,7 | 0,8 | 0,8 |
| Bauaufzüge | " | 48 192 | 17 115 | 8 095 | 3 091 | 3,4 | 4,0 | 1,7 | 1,9 |
| Förderbänder | " | 18 085 | 5 344 | 5 865 | 2 090 | 1,3 | 1,3 | 1,3 | 1,3 |
| Stahlrohrgerüste | t | 15 969 | 6 417 | 11 723 | 5 304 | 1,1 | 1,5 | 2,5 | 1,4 |
| Bagger | Stück | 11 619 | 3 625 | 6 188 | 2 177 | 0,8 | 0,8 | 1,3 | 1,4 |
| Last- (Nutz-) Kraftwagen | " | 38 050 | 12 716 | 8 923 | 3 481 | 2,7 | 3,0 | 1,9 | 2,2 |

Quelle: Statistisches Bundesamt

1. Bestand = Eigentum

auch das etwas stärkere Wachstum der Beschäftigtenzahlen und des Umsatzes der industriellen Betriebe. Freilich mag hier auch die relativ starke Zunahme des öffentlichen und Verkehrsbaus sowie der gewerblichen und industriellen Bautätigkeit eine Rolle gespielt haben, Leistungen, die überwiegend von der Industrie bestritten werden. Im ganzen entfielen 1950 auf die Bauindustrie Nordrhein-Westfalens reichlich 36 vH der Beschäftigten und der geleisteten Arbeitsstunden des gesamten Bauhauptgewerbes, 1959 dagegen 37,7 vH (Beschäftigte) und 38,5 vH (geleistete Arbeitsstunden). Ebenso lag 1959 der Umsatzanteil der Bauindustrie mit 43,1 vH geringfügig über demjenigen von 1950 (41,9 vH).

Größere Verschiebungen haben sich bei den Anteilen der beiden "Betriebssysteme" an den einzelnen Bauarten ergeben. So hat die Bauindustrie ihre Position im öffentlichen und Verkehrsbau nach dem Kriege - angesichts des früher oder später zu erwartenden Rückgangs des Wohnungsbaus - bewußt ausgebaut. Im Juli 1950 beanspruchte zum Beispiel der öffentliche und Verkehrsbau in Nordrhein-Westfalen nur rund 34 vH aller von der Bauindustrie geleisteten Arbeitsstunden, 1959 dagegen 43 vH. Im gewerblichen und industriellen Bausektor bewältigte die Bauindustrie im Juli 1959 66 vH der Gesamtleistung (55 vH im Juli 1950). Nun sind aber sowohl der gewerbliche als auch der öffentliche und Verkehrsbau mehr oder weniger spekulativer Natur, d.h. sie lassen unter Umständen relativ hohe Gewinne, aber auch große Verluste zu. Des Handwerks Domäne ist dagegen seit jeher der Wohnungsbau, der im allgemeinen gleichmäßige, im ganzen aber wohl geringere Gewinnchancen bietet. Der Anteil des Handwerks am Wohnungsbau hat sich der Zahl der geleisteten Arbeitsstunden nach von 79 vH (1950) auf 86 vH (1959) erhöht. Soweit die Industrie im Wohnungsbau tätig ist, arbeitet sie hauptsächlich an größeren, oft als Folgebauten von Industrieanlagen vergebenen Vorhaben.

Diese Differenzierung zwischen Bauindustrie und -handwerk ist aber keineswegs organisationsbedingt; eher könnte man von spezifischen Aufgaben der einzelnen Betriebsgrößen sprechen. Darauf deutet jedenfalls die Tatsache hin, daß auch die kleineren bauindustriellen Betriebe in erheblichem Umfang im Wohnungsbau arbeiten, ja, daß sich der Anteil nach der Betriebsgröße staffelt; er reicht von 41,5 vH bei den Betrieben mit 1 bis 9 Beschäftigten bis zu 12,1 vH bei den Betrieben mit 500 und mehr Beschäftigten. Beim gewerblichen und industriellen Bau dagegen wächst der Anteil der industriellen Betriebe mit der Betriebsgröße, und bei den öffentlichen und Verkehrsbauten treten die mittleren Betriebe

T a b e l l e   4

**Anteile der Bauindustrie und des Bauhandwerks am Umsatz des Bauhauptgewerbes**

**Bundesrepublik und Nordrhein-Westfalen; 1954 bis 1959**

| | Umsatz insgesamt | | | | | Wohnungsbau | | | | | Gewerbl.u.industr. Bau | | | | |
|---|---|---|---|---|---|---|---|---|---|---|---|---|---|---|---|
| | Bauhauptgewerbe | Bauindustrie | | Bauhandwerk | | Bauhauptgewerbe | Bauindustrie | | Bauhandwerk | | Bauhauptgewerbe | Bauindustrie | | Bauhandwerk | |
| | Anteile in vH | | | | | | | | | | | | | | |
| | BRD/NRW | BRD | NRW | BRD | NRW | BRD/NRW | BRD | NRW | BRD | NRW | BRD/NRW | BRD | NRW | BRD | NRW |
| Jahr 1954 | 100,0 | 39,4 | 44,2 | 60,6 | 55,8 | 100,0 | 18,1 | 18,5 | 81,9 | 81,5 | 100,0 | 61,9 | 72,5 | 38,1 | 27,5 |
| Jahr 1955 | 100,0 | 39,8 | 45,8 | 60,2 | 54,2 | 100,0 | 15,7 | 17,4 | 84,3 | 82,6 | 100,0 | 63,5 | 73,7 | 36,5 | 26,3 |
| 1.Hj. 1956 | 100,0 | 39,9 | 45,9 | 60,1 | 54,1 | 100,0 | 15,2 | 16,7 | 84,8 | 83,3 | 100,0 | 63,7 | 73,1 | 36,3 | 26,9 |
| 1.Hj. 1957 | 100,0 | 38,4 | 43,7 | 61,6 | 56,3 | 100,0 | 13,0 | 16,0 | 87,0 | 84,0 | 100,0 | 63,8 | 72,7 | 36,2 | 27,3 |
| 1.Hj. 1958 | 100,0 | 39,7 | 44,7 | 60,3 | 55,3 | 100,0 | 13,3 | 16,0 | 86,7 | 84,0 | 100,0 | 65,5 | 74,5 | 34,5 | 25,5 |
| 1.Hj. 1959 | 100,0 | 39,2 | 43,1 | 60,8 | 56,9 | 100,0 | 13,0 | 14,6 | 87,0 | 85,4 | 100,0 | 62,0 | 71,9 | 38,0 | 28,1 |

| | Öffentlicher und Verkehrsbau | | | | | | | | | | | | | | |
|---|---|---|---|---|---|---|---|---|---|---|---|---|---|---|---|
| | insgesamt | | | | | Hochbau | | | | | Tiefbau | | | | |
| | Bauhauptgewerbe | Bauindustrie | | Bauhandwerk | | Bauhauptgewerbe | Bauindustrie | | Bauhandwerk | | Bauhauptgewerbe | Bauindustrie | | Bauhandwerk | |
| | Anteile in vH | | | | | | | | | | | | | | |
| | BRD/NRW | BRD | NRW | BRD | NRW | BRD/NRW | BRD | NRW | BRD | NRW | BRD/NRW | BRD | NRW | BRD | NRW |
| Jahr 1954 | 100,0 | 58,6 | 59,2 | 41,4 | 40,8 | 100,0 | 46,0 | 51,0 | 54,0 | 49,0 | 100,0 | 64,5 | 62,5 | 35,5 | 37,5 |
| Jahr 1955 | 100,0 | 58,1 | 60,5 | 41,9 | 39,5 | 100,0 | 43,1 | 50,9 | 56,9 | 49,1 | 100,0 | 63,9 | 64,2 | 36,1 | 35,8 |
| 1.Hj. 1956 | 100,0 | 57,7 | 60,3 | 42,3 | 39,7 | 100,0 | 43,2 | 53,1 | 56,8 | 46,9 | 100,0 | 63,4 | 63,3 | 36,6 | 36,7 |
| 1.Hj. 1957 | 100,0 | 57,3 | 58,1 | 42,7 | 41,9 | 100,0 | 42,7 | 48,4 | 57,3 | 51,6 | 100,0 | 62,7 | 61,8 | 37,3 | 38,2 |
| 1.Hj. 1958 | 100,0 | 58,6 | 59,1 | 41,4 | 40,9 | 100,0 | 43,6 | 48,5 | 56,4 | 51,5 | 100,0 | 63,7 | 62,6 | 36,3 | 37,4 |
| 1.Hj. 1959 | 100,0 | 59,5 | 59,4 | 40,5 | 40,6 | 100,0 | 42,5 | 46,2 | 57,5 | 53,8 | 100,0 | 64,9 | 63,6 | 35,1 | 36,4 |

Berechnet nach Angaben des Statistischen Bundesamtes und des Statistischen Landesamtes Nordrhein-Westfalen

(20 bis 99 Beschäftigte) am stärksten in Erscheinung. Ebenso verrät die Leistungsstruktur des Handwerks eine hohe Abhängigkeit von der Betriebsgröße.

Große Bauvorhaben, wie sie von den größeren Industriebetrieben bewältigt werden, fallen ihrer Natur nach vornehmlich in den Wirtschaftszentren an. Nun zieht es aber die Bauunternehmen wegen der lokalen Gebundenheit der Bauleistungen allgemein in die Nähe ihrer Auftraggeber; so wurden die großen Industrie-, Handels- und Verkehrsplätze sowie die Zentren der öffentlichen Verwaltungen notwendigerweise die bevorzugten Standorte der Bauindustrie, zumal hier auch die Geschäftsverbindungen mit auswärtigen Großauftraggebern am ehesten angeknüpft werden können.

Bei einem Ländervergleich schneidet von den westdeutschen Ländern erwartungsgemäß das hochindustrialisierte und verkehrsreiche Nordrhein-Westfalen am besten ab. 41,6 vH aller westdeutschen bauindustriellen Betriebe und 34,5 vH der darin beschäftigten Personen sowie 33,5 vH des Umsatzes der westdeutschen Bauindustrie entfallen auf dieses Land bei einem Bevölkerungsanteil von 30 vH. Wenngleich sich die bauindustriellen Betriebe auf Grund der kräftigen Entfaltung des Tief-, insbesondere des Straßenbaus in jüngerer Zeit verstärkt diesem Sektor zuwenden, wird man die günstige Position der Bauindustrie in Nordrhein-Westfalen vor allem auf die umfangreichen industriellen und gewerblichen Bauvorhaben in diesem Lande zurückzuführen haben (vgl. S. 12).

Mit insgesamt 612 Betrieben und 70 300 Beschäftigten, das sind gut 36 vH der Betriebe und nahezu die Hälfte der Beschäftigten der nordrhein-westfälischen Bauindustrie (1 681 Betriebe und 160 900 Beschäftigte), treten insbesondere Essen, Düsseldorf, Köln, Dortmund und Duisburg hervor. Weitere wichtige Standorte der Bauindustrie sind Gelsenkirchen, Bochum, Oberhausen, Münster und Hagen. Auf diese zehn Städte, die zusammen 30,2 vH der Bevölkerung von Nordrhein-Westfalen beherbergen, kamen 1959 54,1 vH, nämlich 87 000 der 160 900 Beschäftigten der Bauindustrie. Der Landesteil Nordrhein ist mit 12 Beschäftigten je 1 000 Einwohner bemerkenswert stärker besetzt als die westfälische Seite (8,4), was in erster Linie auf die überragende Stellung der Essener, Düsseldorfer und Kölner Bauindustrie zurückzuführen ist, die im Juli 1959 mit 49 400 Beschäftigten mehr als drei Zehntel der insgesamt im industriellen Bauhauptgewerbe Nordrhein-Westfalens tätigen Personen auf sich vereinigten.

Gliedert man das Land Nordrhein-Westfalen nach Wirtschaftsgebieten auf, so schält sich als wichtigster Standortkomplex der Bauindustrie mit weitem Abstand vor allen anderen der Ruhrbezirk[10] heraus. Auf dieses Gebiet entfielen im Juli 1959 bei einem Bevölkerungsanteil von 31,8 vH rund 43 vH aller in der nordrhein-westfälischen Bauindustrie beschäftigten Personen.

Die Standortwahl des handwerklichen Bauhauptgewerbes wird im Prinzip von denselben Gesichtspunkten geleitet wie diejenige der Industrie. Im ganzen ist das Handwerk jedoch wesentlich stärker als die Bauindustrie auf den Wohnungsbau wie allgemein auf Objekte geringerer Dimensionen eingestellt; es tritt daher in relativ gleichmäßiger räumlicher Dezentralisation auf. Soweit sich hier und dort "Schwerpunkte" gebildet haben, geschah das in den zentral gelegenen Mittelstädten, die durch ihr weites Hinterland auch größeren Handwerksbetrieben bedeutende Standortvorteile bieten.

Es liegt in der Natur des Bauschaffens, daß die Bauplätze ständig wechseln. In jüngerer Zeit entwickelt sich die Gesamtbautätigkeit, vor allem jedoch die gewerbliche sowie die öffentliche und Verkehrsbautätigkeit, außerhalb der Ballungszentren günstiger als in denselben. Dies hat eine Reihe von größeren Bauunternehmen veranlaßt, in den größeren Städten am Rande und jenseits des Industriegebiets Niederlassungen zu gründen, was hin und wieder auch durch Aufkauf kleinerer Baufirmen geschieht, die dann in der Regel ihren alten Firmennamen beibehalten. Dies ist insofern von Vorteil, als das Geschäft für den neuen Inhaber sofort in Gang kommt. Im allgemeinen pflegen nämlich sowohl die öffentlichen als auch die privaten Bauherren ihre Aufträge - vom Bundesstraßen- und Autobahnbau abgesehen - fast ausnahmslos an einheimische Baufirmen zu vergeben, wobei auch steuerliche Gesichtspunkte eine Rolle spielen[11]. Neu ins Land gekommene Unternehmen benötigen in der Regel

10. Kreisfreie Städte bzw. Landkreise: Bochum, Bottrop, Castrop-Rauxel, Dinslaken, Dortmund, Duisburg, Essen, Gelsenkirchen, Gladbeck, Hamm, Herne, Lünen, Moers, Mülheim, Oberhausen, Recklinghausen-Stadt, Recklinghausen-Land, Unna, Wanne-Eickel, Wattenscheid, Witten

11. Nach einer Erhebung des Ifo-Instituts (München) entfielen Ende 1959 im Bundesdurchschnitt etwa 74 vH des Umsatzes der Betriebe des Bauhauptgewerbes auf das eigene Kreisgebiet, 23 vH entfielen auf andere Kreise innerhalb des eigenen Bundeslandes und nur 3 vH auf andere Bundesländer. Dabei wurden selbständige Niederlassungen einzelner Baufirmen jeweils in ihrem Wirkungsbereich gezählt. In der Bauindustrie Nordrhein-Westfalens dagegen kamen (Forts.s.S.24)

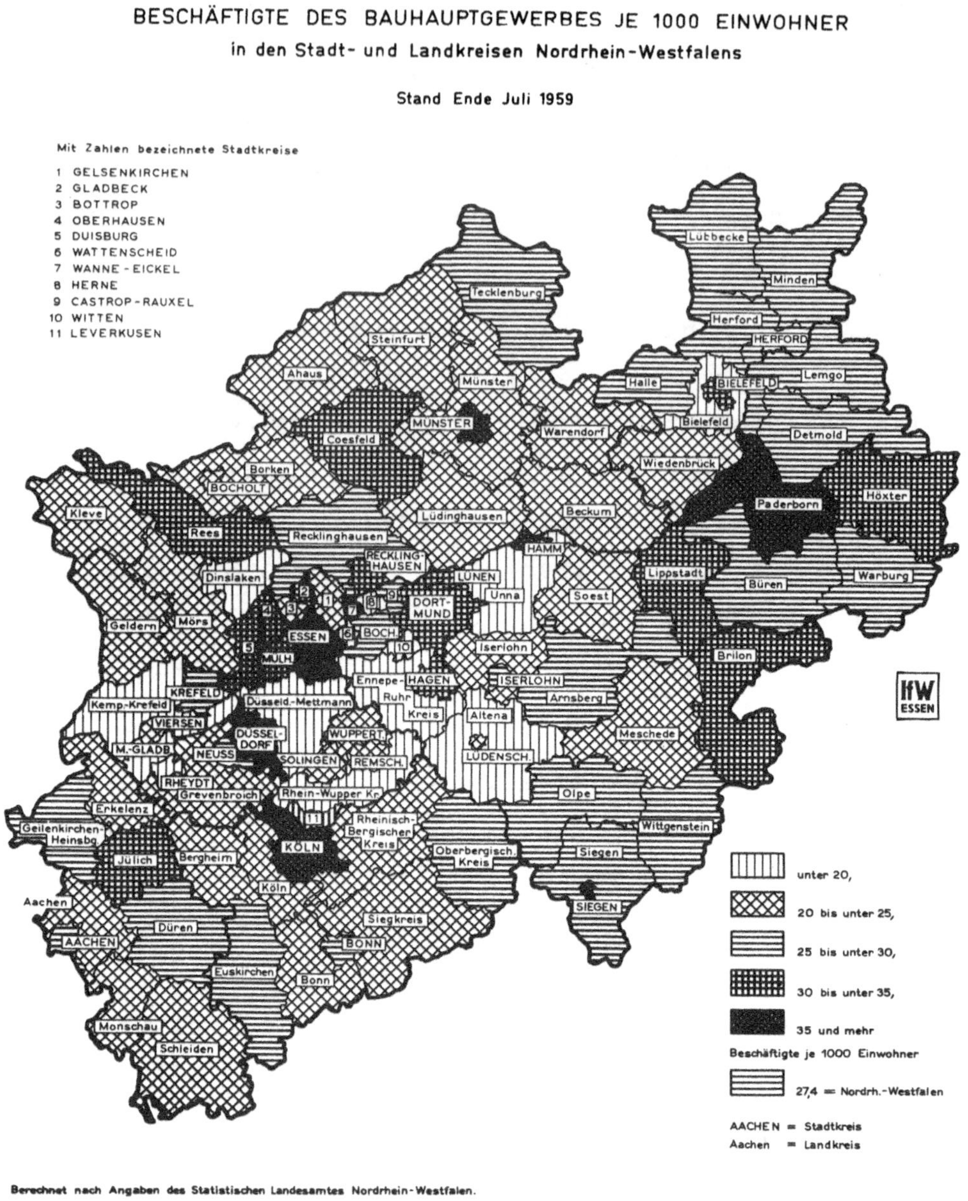


A b b i l d u n g 2

Beschäftigte des Bauhauptgewerbes je 1 000 Einwohner

---

11. Fortsetzung von Seite 23
56 vH des Umsatzes auf das eigene Kreisgebiet, 37 vH auf andere Kreise im Lande Nordrhein-Westfalen und 7 vH auf andere Bundesländer. - Bei Bauvorhaben bis zur Dauer eines halben Jahres würde den Gemeinden bei Vergabe von Bauaufträgen an "auswärtige" Firmen die Gewerbesteuer verlorengehen. Bei längerfristigen Bauausführungen ist das nicht der Fall, da solche Baustellen als "ortsansässige" Betriebsstätten gelten. Außerdem sind kostenmäßig betrachtet (Einsparung von Transportkosten, Auslösungen usw.) am Ort des Bauvorhabens ansässige Firmen im allgemeinen im Vorteil; sie können somit niedriger anbieten als auswärtige Unternehmen

T a b e l l e   5

Bauintensität in den kreisfreien Städten und Landkreisen Nordrhein-Westfalens
Juli 1959

| Gebiet | Wohnungsbau | Gewerbl. und industrieller Bau | Öffentlicher und Verkehrsbau zusammen | davon Hochbau | davon Tiefbau | Landwirtschaftlicher Bau | Bauleistung insgesamt Juli 1959 | Bauleistung insgesamt Juli 1958 |
|---|---|---|---|---|---|---|---|---|
| | a) Arbeitsstunden je 1 000 Einwohner | | | | | | | |
| Kreisfreie Städte | 2 105 | 1 494 | 1 498 | 400 | 1 098 | 7 | 5 104 | 5 557 |
| Landkreise | 2 159 | 726 | 1 274 | 306 | 968 | 158 | 4 317 | 4 371 |
| Nordrhein-Westfalen | 2 132 | 1 118 | 1 388 | 354 | 1 034 | 81 | 4 719 | 4 978 |
| darunter Ruhrgebiet | 2 072 | 1 475 | 1 383 | 320 | 1 063 | 15 | 4 945 | 5 412 |
| | b) Arbeitsstunden je 1 000 Einwohner in vH der gesamten Bauleistung | | | | | | | |
| Kreisfreie Städte | 41,2 | 29,3 | 29,4 | - | - | 0,1 | 100 | - |
| | | | 100 | 26,7 | 73,3 | | | |
| Landkreise | 50,0 | 16,8 | 29,5 | - | - | 3,7 | 100 | - |
| | | | 100 | 24,0 | 76,0 | | | |
| Nordrhein-Westfalen | 45,2 | 23,7 | 29,4 | - | - | 1,7 | 100 | - |
| | | | 100 | 25,5 | 74,5 | | | |
| darunter Ruhrgebiet | 41,9 | 29,8 | 28,0 | - | - | 0,3 | 100 | - |
| | | | 100 | 23,1 | 76,9 | | | |
| | c) Zu- bzw. Abnahme der Bauintensität Juli 1959 gegenüber 1958 | | | | | | | |
| Kreisfreie Städte | -11,0 | -12,6 | +1,5 | ± 0 | +2,0 | +16,7 | -8,2 | - |
| Landkreise | - 8,3 | + 6,1 | +6,3 | +8,1 | +5,8 | +16,2 | -1,2 | - |
| Nordrhein-Westfalen | - 9,6 | - 7,5 | +3,6 | +3,5 | +3,6 | +15,7 | -5,2 | - |
| darunter Ruhrgebiet | -10,3 | -14,4 | +1,1 | -0,6 | +1,6 | +25,0 | -8,6 | - |

Berechnet nach Angaben des Statistischen Landesamtes Nordrhein-Westfalen eine Reihe von Jahren, bis sie sich "akklimatisiert" haben und mit Aufträgen größeren Umfangs rechnen können. Der Standort der neuen Niederlassungen wird entscheidend von den langfristigen Planungen der Öffentlichen Hand und der Wirtschaft bestimmt, d.h. es werden Orte mit umfangreichen künftigen Bauaufgaben bevorzugt.

## 2. Der "Industrialisierungsprozeß"

Die Entwicklung des deutschen Baugewerbes und Bauschaffens läßt zwei Phasen erkennen. Die erste setzt mit dem Aufkommen des Massenbedarfs an Großbauwerken zu Beginn der Industrialisierung ein und führt vom Lohnwerker alter Prägung zum Bauunternehmen, vom Handschlag zum schriftlichen Bauvertrag und zur VOB, vom Allroundbetrieb zur Spezialisierung auf Industrie-, Verkehrs- u.a. Sonderleistungen und schließlich zur Aufspaltung der bis dahin in einer Hand liegenden Gesamtbauleistung in Planung und Ausführung. Der hervorstechende Zug dieses Zeitabschnittes ist die Kommerzialisierung des Bauschaffens.

Das technische Moment tritt mit der Verwendung neuer Baustoffe auf der Grundlage von Stahl und Zement in die Entwicklung ein. Im weiteren Verlauf kommt es zur Mechanisierung; diese führt in jüngerer Zeit - nach dem 2. Weltkrieg - zu weitgehender Wandlung der Produktion und verleiht dieser jedenfalls im Tiefbau industriellen Charakter.

### a) Kommerzialisierung

Noch um die Mitte des vergangenen Jahrhunderts war die Wirtschaft Rheinlands und Westfalens überwiegend agrarisch bestimmt. Gewerbliche Mittelpunkte bildeten allein die größeren Städte, so Köln, Aachen und Münster, in geringerem Maße ferner die Standorte der Metall- und Textilindustrie, zum Beispiel Remscheid und Solingen, Elberfeld und Barmen Bielefeld und Krefeld. Die übrigen Städte mit Ausnahme einiger älterer, wie Neuß, Dortmund und Duisburg, waren typische Landstädtchen mit ausgesprochen aufgelockerter Bauweise.

Die nunmehr einsetzende Industrialisierung brachte - in Rheinland und Westfalen früher und betonter als anderwärts - einen vielfältigen neuartigen Bedarf an Bauleistungen. Es waren Produktionsanlagen über und unter Tage, Geschäfts- und Hotelbauten, Eisenbahnstrecken und -hochbauten, Schiffahrtskanäle, Hafenanlagen, Brücken und sonstige Kunstbauten zu erstellen. Dennoch kamen in diesem Stadium der Entwicklung lediglich im Industrie- und Verkehrsbau neue Bauverfahren auf. Hier konnten die vielfältigen neuen Aufgaben mit den traditionellen Methoden nicht bewältigt werden, und es bildeten sich daher bald Spezialfirmen heraus. Zugleich führten die aus der Vergrößerung der Bauobjekte vor allem im Bereich der Statik und Festigkeitslehre erwachsenden wissenschaftlich-technischen Probleme hier zur Eigenständigkeit der Bauplanung, wenn auch hauptsächlich in Form betriebseigener Abteilungen. Auch in den anderen Baubereichen spaltete sich die Gesamtbauleistung schon frühzeitig in Bauplanung und Bauausführung auf (Aufkommen der Architektur- und Ingenieurbüros); im praktischen Bereich wurde man aber bis zum späten 19. Jahrhundert dem wachsenden Bedarf und den größeren Ausmaßen der Bauwerke recht und schlecht durch massierten Einsatz der herkömmlichen Mittel gerecht.

Erst allmählich begannen sich kaufmännische Grundsätze durchzusetzen. An die Stelle des patriarchalisch geleiteten, häufig noch im Lohnwerk arbeitenden Baugewerksbetriebes trat die Bauunternehmung. Auch jetzt lag die Betriebsleitung - wie das auch heute noch der Fall ist - in den meisten Fällen in den Händen von "Technikern", doch wurde nunmehr auch die kaufmännische Seite stärker betont. Eine solche Umstellung mußte dem Handwerker alter Prägung schwer fallen. Gleichwohl ist die Entwicklung des Bauwesens zu seinen heutigen Formen wesentlich vom handwerklichen Gewerbe ausgegangen. Zugleich gründeten aber auch zahlreiche Kaufleute und Ingenieure Baubetriebe. Damit war jener Prozeß eingeleitet, in dessen späteren Verlauf sich das ursprünglich im Handwerk fußende Gewerbe in Bauhandwerk und Bauindustrie aufspaltete[12].

---

12. Die Bauindustrie als <u>Organisation</u> entstand in Rheinland und Westfalen 1922 durch die <u>Loslösung</u> einer Anzahl von Betrieben aus den handwerklichen (baugewerblichen) Ortsverbänden. Die ausgetretenen Betriebe schlossen sich zum "Betonverband" mit dem Sitz in Düsseldorf zusammen. Die auf Reichsebene bestehenden Organisationen des Reichsverbandes industrieller Bauunternehmungen und des Reichsverbandes des Deutschen Tiefbaugewerbes bildeten 1933 freiwillig den Reichsverband des Deutschen Ingenieurbaus. 1934 wurden die bis dahin freien Organisationen des Baugewerbes Pflichtorganisationen. Alle Betriebe, die im Handelsregister geführt wurden, wurden der Hauptgruppe IV (Industrie) und alle in die Handwerksrolle eingetragenen Betriebe der Hauptgruppe VIII (Handwerk) zugeordnet. (Vgl.: Fünfzig Jahre Rheinisch-Westfälisches Baugewerbe; herausgegeben anläßlich des 50jährigen Bestehens der baugewerblichen Organisation in Nordrhein-Westfalen von den Baugewerbeverbänden in Nordrhein-Westfalen; Oktober 1954, S. 21 f.)

## b) Technisierung

### Neue Baustoffe und Verfahren

Die Bautechnik im eigentlichen Sinne kam erst durch die neuen, in den USA entwickelten Bauverfahren auf der Grundlage von Stahl und Beton in Bewegung.

Um 1860 wurden in Deutschland die ersten Profileisen und Stahlträger gewalzt. Das Anwendungsgebiet war zunächst im wesentlichen auf den Industriebau und hier auf einzelne tragende Funktionen beschränkt. Ende der 70er, Anfang der 80er Jahre wurde in den Vereinigten Staaten der moderne Stahlskelettbau entwickelt, bei dem sämtliche tragenden Bauteile aus Stahl bestehen.

Der Baustoff Zement wurde Anfang der 20er Jahre des vorigen Jahrhunderts in England entwickelt[13]. Seit der Mitte des vorigen Jahrhunderts ist die Zementproduktion nach und nach auch in Deutschland heimisch geworden. Das erste Zementwerk im Beckumer Bezirk zum Beispiel wurde im Jahre 1872 gegründet.

Zement wurde anfangs nur als Bindemittel im Mörtel benutzt. Erheblich wichtiger wurde dieser Baustoff mit der Zeit als Bindemittel für Beton und Stahlbeton. (Der Stahlbeton wurde 1867 von dem Franzosen Monier entwickelt.)

Um die letzte Jahrhundertwende kamen die neuartigen, aus Zement und verschiedenen Zuschlagstoffen hergestellten Bauelemente auf, unter denen insbesondere Schwemm- und Hohlblocksteine, Betonrohre, Rohrzellen und andere Betonhohlkörper sowie die Kunststeinplatte Bedeutung erlangten.

Die mit Zement gebundenen Baustoffe und -elemente wurden bis zum ersten Weltkrieg nur in sehr bescheidenem Umfang verarbeitet, Beton und Stahlbeton hauptsächlich bei Fundamenten, Gründungen, Pfeilern und im Treppenbau, Beton-Werksteine vornehmlich bei Innenwänden. Nach dem ersten Weltkrieg gewannen Beton und Eisenbeton vor allem im Industrie-, Verkehrs- und Geschäftsbau rasch an Boden; seit Ende der 1920er Jahre verarbeitet man sie zunehmend auch im Wohnungsbau.

---

13. Schon im Altertum und im Mittelalter wurden zementgebundene Stoffe, und zwar sowohl in Form von Mörtel als auch von Beton verarbeitet. Später sind die Kenntnisse mehr oder weniger verloren gegangen. (Vgl.: Geschichte der Handwerksberufe, herausgegeben von H. Vocke, Band 1, A-K, Waldshut/Baden 1959. S. 37 f.)

Jüngeren Datums ist der sogenannte "Transport-Beton". Ebenso ist man bestrebt, das Eisenbiegen (im Betonbau) von der Baustelle in selbständige Betriebe bzw. auf den Bauhof zu verlagern. Dagegen hat die Montagebauweise in Deutschland noch nicht recht Fuß fassen können. Vorgefertigte Bauteile werden in nennenswertem Umfang nur bei gewerblichen Bauten - hier freilich zunehmend - verwendet. Im Wohnungsbau vermochten sich zwar im Zuge der Normierung und Typisierung die vorgefertigten Bauelemente, zum Beispiel Treppen, Fensterstürze, Decken, Lichtschächte und Installationszellen, durchzusetzen; vorgefertigte Wandteile aus Beton sind aber bisher nicht in größerem Umfang zum Zuge gekommen. Ihre Verwendung ist nur wirtschaftlich, wenn sie in größeren Auflagen hergestellt werden können. Dem steht aber in Deutschland die Vorliebe für individuelle Wohnhäuser entgegen. Lediglich in Hamburg und im Ruhrgebiet sind in jüngerer Zeit einige größere Vorhaben von Fertighäusern begonnen worden. Demgegenüber hat die Montagebauweise im Ausland, namentlich in den Vereinigten Staaten, in Rußland, Frankreich und in Schweden, beachtliche Fortschritte gemacht. Insbesondere in Schweden gab es infolge des Holzreichtums schon immer zahlreiche aus vorgefertigten Holz-Wandplatten hergestellte Häuser, was dieser Bauweise auch bei Verwendung von Beton sehr zugute gekommen ist.

## Die Mechanisierung

Die Mechanisierung des Bauschaffens ging im Vergleich zu den übrigen Fertigungsbereichen zunächst nur sehr langsam voran. Die massenweise Verwendung von Maschinen setzte eigentlich erst nach dem letzten Kriege ein, wenn auch schon früher bei öffentlichen Großvorhaben (Westwall) in erheblichem Umfang mit Maschinen gearbeitet worden war[14)]. Der Mechanisierung der Bauarbeit stehen der ständige Wechsel des Produktionsortes und die - gewollte - Individualität der deutschen Bauwerke entgegen; so ist die Bauleistung nicht nur unter jeweils anderen Bedingungen zu erbringen, sondern es bildet darüber hinaus jedes Gebäude, zumindest aber jede Gebäudegruppe, eine Schöpfung für sich.

---

14. Der Hauptverband der Deutschen Bauindustrie schätzt, daß das Gewicht allein der in der Bauindustrie vorhandenen Maschinen und Geräte 1940 bei 900 000 t gelegen habe. Davon hätten 540 000 t den Krieg überdauert. Dennoch habe der eigentliche Mechanisierungs- und Industrialisierungsprozeß erst nach dem Kriege eingesetzt

Der Einsatz stationärer Arbeitsmaschinen - die erste Voraussetzung für die volle Mechanisierung des Arbeitsprozesses - ist unter diesen Umständen nur begrenzt möglich. In der Tat wirken stationäre Aggregate bei der Bauleistung im wesentlichen nur mittelbar mit, nämlich bei der Produktion der Baustoffe und -elemente; die Baustelle bleibt auf transportable Geräte und Maschinen angewiesen.

Charakteristisch für den Verlauf der Mechanisierung im Baugewerbe war, daß sie zunächst im Tiefbau einsetzte; Erdarbeiten, zum Beispiel Erdtransporte, Rammen und Verdichten, lassen sich leichter mit Maschinen ausführen als Hochbauleistungen. Hinzu kommt, daß die Aufträge im Tiefbau seit jeher durchschnittlich größer sind als im Hochbau; jener erfüllte daher im Zeitalter der Dampfkraft mit seinen großen und teuren Maschinen auch wirtschaftlich am ehesten die Voraussetzungen für die Mechanisierung. Seit den 1930er Jahren ist neben den verschiedenen Transportmaschinen und -geräten nach und nach der Kompressor mit seinen vielseitigen Anwendungsmöglichkeiten in Gebrauch gekommen; größere Betriebe schafften darüber hinaus Planierraupen und Straßenhobel an. Nach dem Kriege erhöhte sich die Produktivität der Tiefbauleistungen vor allem durch die vielseitig verwendbaren Bagger, die verbesserten Planierraupen und Schürfwagen sowie die modernen Straßenfertiger für Beton- und Schwarzdecken.

Im Hochbau wurden lange Zeit nur Bauaufzüge verwendet. Sei den 1930er Jahren sind außer diesen auch Mischer im Hochbau und darüber hinaus bei Betonarbeiten im Tiefbau Allgemeingut geworden. An die Stelle der bis dahin noch häufig verwendeten Hand-Zuggeräte traten elektrisch oder mittels Dieselmotor betriebene Bauaufzüge. Nach dem Kriege trat die Mechanisierung der Hochbauleistung in ein neues Stadium. Mörtelmaschine, Betonmischer und Lastkraftwagen wurden zur Standardausrüstung; daneben bürgerten sich die verbesserten Baukräne (Turmdrehkräne) sowie Förderbänder und Zementsilos ein.

Hohe Löhne, Mangel an Arbeitskräften, Arbeitszeitverkürzung und die kurzen Ausführungsfristen bei begrenzter Bausaison haben das Tempo der Mechanisierung seit 1954/55 beschleunigt. Bereits 1955 hatte sich der Bestand an Baumaschinen in der Bundesrepublik und in Nordrhein-Westfalen gegenüber 1950 verdoppelt. Sein Wert ist von 1950 bis 1959 auf etwa das Sechseinhalbfache angewachsen. In diesem Zeitraum (Stichtag jeweils 31. Juli) hat der Bestand an Turmdrehkränen in Nordrhein-Westfalen auf das Fünfundzwanzigfache zugenommen, der Bestand an Baggern

Tabelle 6

Bestand an wichtigen Geräten im Bauhauptgewerbe und in der Bauindustrie
Bundesrepublik[1] und Nordrhein-Westfalen; Juli 1950, 1955 und 1959

| | Maß-einheit | Bundesrepublik | | | Nordrhein-Westfalen | | |
|---|---|---|---|---|---|---|---|
| | | 1950 | 1955 | 1959 | 1950 | 1955 | 1959 |
| **Bauhauptgewerbe** | | | | | | | |
| Betonmischer | Stück | 42 727 | 83 199 | 113 258 | 14 323 | 27 393 | 35 896 |
| Turmdrehkrane | " | 644 | 4 441 | 8 726 | 117 | 1 606 | 2 970 |
| Bauaufzüge | " | 21 355 | 38 389 | 48 192 | 8 197 | 14 832 | 17 115 |
| Förderbänder | " | 5 340 | 14 175 | 18 085 | 1 373 | 4 512 | 5 344 |
| Stahlrohrgerüste | t | 1 377 | 4 590 | 15 969 | 512 | 1 804 | 6 417 |
| Kompressoren | Stück | 6 219 | 10 890 | 16 293 | 1 883 | 3 526 | 5 098 |
| Bagger | " | 2 176 | 5 730 | 11 619 | 605 | 1 931 | 3 625 |
| Last- (Nutz-)kraftwagen | " | 11 595 | 24 385 | 38 050 | 4 232 | 8 533 | 12 716 |
| Planierraupen | " | . | 3 011 | 7 643 | . | 1 057 | 2 374 |
| Schürfwagen | " | . | 259 | 430 | . | 72 | 86 |
| Lader und Schütter | " | . | . | 2 998 | . | . | 838 |
| Straßenbaumaschinen für Betonstraßen (zusammen) | " | . | . | 1 172 | . | . | 303 |
| Straßenbaumaschinen für Schwarzdecken (zusammen) | " | . | . | 9 628 | . | . | 2 827 |
| **Bauindustrie** | | | | | | | |
| Betonmischer | Stück | 12 643 | 16 879 | 20 067 | 4 209 | 6 642 | 7 554 |
| Turmdrehkrane | " | 439 | 2 213 | 3 576 | 75 | 850 | 1 297 |
| Bauaufzüge | " | 6 413 | 8 481 | 8 095 | 2 155 | 3 597 | 3 091 |
| Förderbänder | " | 2 944 | 5 207 | 5 865 | 767 | 1 827 | 2 090 |
| Stahlrohrgerüste | t | 1 280 | 3 452 | 11 723 | 463 | 1 554 | 5 304 |
| Kompressoren | Stück | 3 858 | 5 262 | 6 982 | 1 124 | 1 912 | 2 644 |
| Bagger | " | 1 812 | 3 618 | 6 188 | 513 | 1 297 | 2 177 |
| Last- (Nutz)kraftwagen | " | 3 482 | 5 776 | 8 923 | 1 093 | 2 287 | 3 481 |
| Planierraupen | " | . | 1 875 | 4 143 | . | 663 | 1 393 |
| Schürfwagen | " | . | 156 | 308 | . | 51 | 65 |
| Lader und Schütter | " | . | . | 1 724 | . | . | 498 |
| Straßenbaumaschinen für Betonstraßen (zusammen) | " | . | . | 937 | . | . | 263 |
| Straßenbaumaschinen für Schwarzdecken (zusammen) | " | . | . | 5 861 | . | . | 1 865 |

Quellen: Statistisches Bundesamt; Statistisches Landesamt Nordrhein-Westfalen

1) ohne Saarland und Berlin-West

hat sich fast versechsfacht, der Bestand an Förderbändern fast vervierfacht und derjenige an Lastkraftwagen etwa verdreifacht. Planierraupen sowie Fertiger und Verteiler für Beton- und Schwarzdecken waren 1950 kaum vorhanden; 1959 verfügte das nordrhein-westfälische Baugewerbe über 2 374 Planierraupen, 303 Fertiger und Verteiler für Betondecken und 562 Fertiger für Schwarzdecken. Es ist zu berücksichtigen, daß die Konstruktion der Baumaschinen und -geräte seit Kriegsende erheblich verbessert, die Effizienz ihrer Leistungen also gesteigert werden konnte. Hand in Hand damit erhöhte sich die Qualität der Arbeit beträchtlich.

Der Zuwachs an Baumaschinen erreichte nach dem Kriege, abgesehen von wenigen Ausnahmen (Lastkraftwagen), in der Bauindustrie der Zahl nach nicht das Ausmaß wie im gesamten Bauhauptgewerbe. Dies erklärt sich teils durch den vergleichsweise hohen Grad der Mechanisierung der bauindustriellen Betriebe zu Beginn des Berichtszeitraumes und teils durch die Anschaffung von (durchschnittlich) größeren und leistungsfähigeren Maschinen und Geräten, als sie in den kleineren Betrieben des Bauhandwerks üblich sind.

Bei allen Maschinen und Geräten hat trotz der starken Erhöhung des Bestandes im gesamten Bauhauptgewerbe der Anteil der eingesetzten an den vorhandenen Einheiten von 1950 bis 1959 kräftig zugenommen. Bei verschiedenen Maschinen und Geräten war die Zahl der eingesetzten Einheiten 1959 sogar größer als der Bestand; es wurden bei den Verleihfirmen Geräte gemietet, um Beschäftigungsspitzen zu bewältigen. Die Mechanisierungswelle dauert noch an; die Baumaschinenindustrie verzeichnete in den ersten zehn Monaten 1960 gegenüber der gleichen Vorjahreszeit einen Produktionszuwachs von 23 vH.

## Kräftige Zunahme der Produktivität[15)]

Nach Berechnungen des Bundesministeriums für Wohnungsbau entfiel in der Bundesrepublik jeweils zur Zeit der Hochsaison auf jeden Beschäftigten des Bauhauptgewerbes 1950 etwa 1 t Gerät, 1956 dagegen 1,64; 1959 dürften rund 2 t je Beschäftigten erreicht worden sein. Dabei ist zu berücksichtigen, daß die Zahl der Bauarbeiter kräftig zugenommen, das Durchschnittsgewicht der Baumaschinen aber bei wesentlichen technischen Verbesserungen abgenommen hat.

---

15. Zur Problematik der Produktivitätsberechnungen siehe von LUCADOU, a.a.O., S. 106 ff.

Die wachsende Produktivität der Bauleistung im ganzen illustrieren folgende Zahlen. Bei einem Anstieg der geleisteten Arbeitsstunden um reichlich ein Drittel wuchs der Umsatz des Bauhauptgewerbes von 1950 bis 1959 (preisbereinigt auf der Basis von 1950) in Nordrhein-Westfalen um 132,6 vH (von 1,978 Mrd. DM auf 4,601 Mrd. DM) und in der Bundesrepublik um 133,3 vH (von 6,182 Mrd. DM auf 14,423 Mrd. DM). Das gesamte reale Bauvolumen (der preisbereinigte Wert aller Bauleistungen) wuchs von 1950 bis 1959 in der Bundesrepublik von 10,500 Mrd. DM auf 21,624 Mrd. DM. Dem entspricht ein Zuwachs von 106 vH.

Der Umsatz je Beschäftigten (nunmehr in jeweiligen Preisen) der Bauindustrie belief sich 1959 in der Bundesrepublik auf 19 311 DM und erreichte damit etwa das Niveau der Gießereiindustrien, der Werkzeug- und der Metallwarenindustrie (Durchschnitt der gesamten Industrie = 30 634 DM - Betriebe mit 10 und mehr Beschäftigten -).

Nun bestehen aber im Hinblick auf die Effizienz der Maschinen erhebliche Unterschiede zwischen dem Hochbau und dem Tiefbau. Im ersteren vollbringen die technischen Mittel im allgemeinen nur Hilfsleistungen; sie dienen in der Hauptsache dem Transport der Baustoffe und -elemente. Bei solchen Geräten ist daher die Gefahr der Fehlinvestitionen und des unwirtschaftlichen Einsatzes (Verwendung am falschen Ort und zur falschen Zeit) besonders groß. Im Tiefbau dagegen wirken die Maschinen und Geräte bei der eigentlichen Fertigung mit. Besonders groß sind die Abweichungen zwischen dem Wohnungsbau einer- sowie dem Straßenbau und den Erdbauarbeiten andererseits. Zieht man den Lohnanteil zu Rate, so ist die Maschinenleistung im Straßen- und Erdbau zur Zeit zwei- bis dreimal so groß wie im Wohnungsbau, in dem zur Zeit je 100 000 DM 6 bis 7 t Geräte eingesetzt werden gegenüber 20 bis 25 t im Straßenbau.

Der europäische Straßenbau ist in starkem Maße von den Fortschritten in den USA beeinflußt worden. Dies gilt besonders für Deutschland. Wohl kam es im Zuge des Wirtschaftsprogramms in den 1930er Jahren in erster Linie darauf an, neue Arbeitsplätze zu schaffen; man legte sich daher in bezug auf die Mechanisierung zunächst eine gewisse Zurückhaltung auf. Im Autobahnbau, der militärstrategischen Zwecken dienen sollte, kam es jedoch bald zum Einsatz - damals - moderner Maschinen. Dies gilt namentlich für den Betonstraßenbau, dem man wegen der möglichen Eigenversorgung (mit Zement) den Vorrang gab.

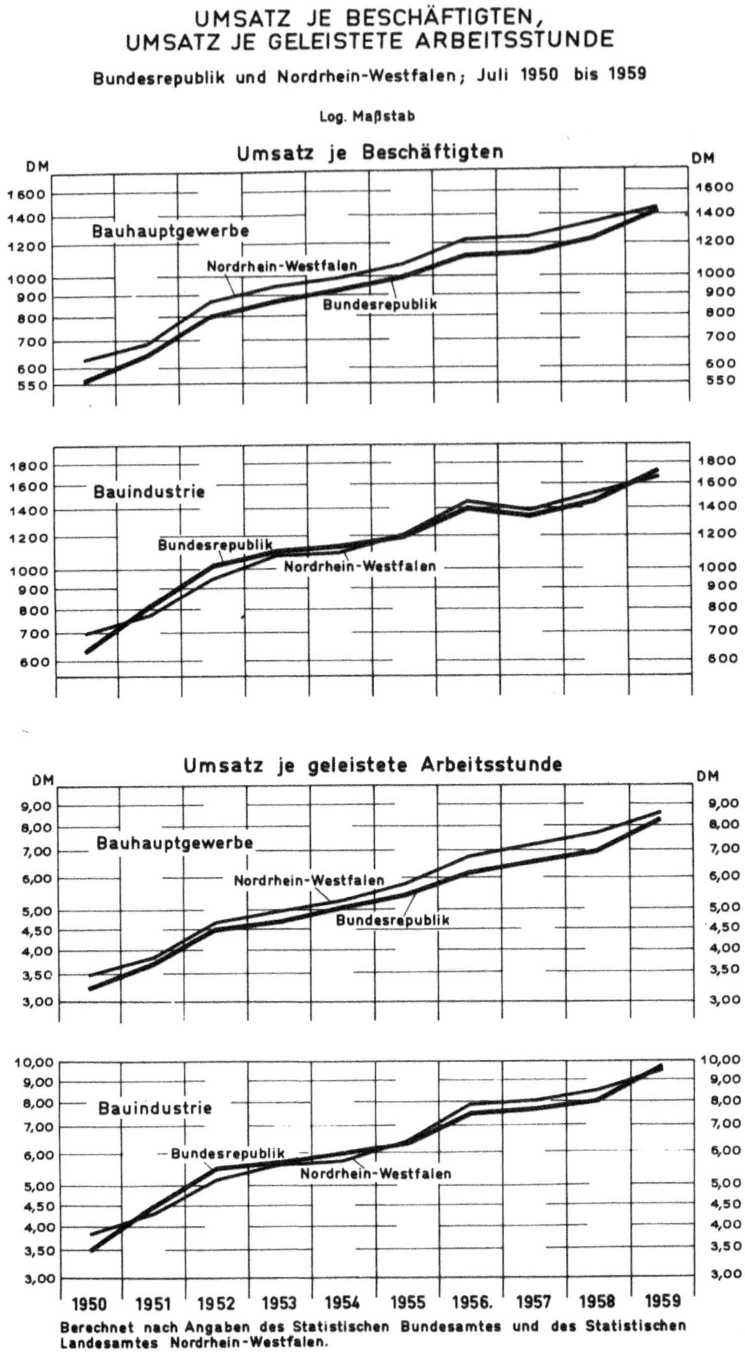


IfW ESSEN

A b b i l d u n g 3

Umsatz je Beschäftigten und je geleistete Arbeitsstunde

Bauhauptgewerbe
Bauindustrie
BR; NRW

Welche Rationalisierungserfolge seit der Vorkriegszeit bei den einzelnen Straßenbauarbeiten erzielt worden sind, zeigen folgende Zahlen. Bei der Bodenvermörtelung, die vor dem Kriege freilich im wesentlichen noch von Hand ausgeführt wurde, erhöhte sich die Leistung je Arbeiter auf mehr als das Vierfache. Bei der Aufbereitung des Mischgutes für Betonfahrbahnen arbeitet man heute bei größeren Objekten mit Handschrapper, Waage, Silos für Beton und Zuschlagstoffe sowie Mischer, zum Teil sogar mit vollautomatischen Mischanlagen. Zur Bedienung genügt ein Mann, der schneller und genauer arbeitet als früher drei oder vier. Bei der bituminösen Bauweise werden gegenwärtig trotz qualitativ besserer Ergebnisse je Arbeitskraft und Tag 100 t Mischgut aufbereitet; in den letzten Vorkriegsjahren schaffte ein Mann allenfalls 10 t. Auch bei der Deckenfertigung erreicht man ein Mehrfaches der früheren Leistung. Mit einem Straßenfertiger für Asphaltdecken stellt man heute 400 bis 500 laufende Meter und mehr (Fahrbahnen von 7,5 m Breite) im Tag her. Vor dem Kriege brachte es eine ganze Einbaukolonne auf 150, höchstens 200 m je Tag. Ein moderner Betondeckenfertiger schafft 300 bis 350 laufende Meter je Tag.

Bei den heutigen Anforderungen im Fernstraßenbau gelten Maschinen und Geräte mit einem Gesamtgewicht von 800 t als Norm. Damit ist eine Baustelle von 5 km Länge auf der Autobahn hinreichend ausgerüstet. Das westdeutsche Straßenbaugewerbe im ganzen verfügt heute über einen Maschinenpark von 360 000 bis 380 000 t, wovon 200 000 t auf Straßenbaumaschinen und der Rest auf Erdbaumaschinen entfällt. Auf jeden Bauarbeiter des Straßenbaus kommen somit 2,5 bis 3 t an Geräten mit einer Leistung von etwa 40 PS je Tonne. In der Bundesrepublik wird je geleistete Arbeitsstunde im Tiefbau zur Zeit ein Umsatz von 11,20 DM erbracht, das ist erheblich mehr als im Wohnungsbau (etwa 8,70 DM) und selbst im gewerblichen und industriellen Bau (9,80 DM). Dabei ist zu beachten, daß die Preise für Straßenbauten nicht so stark gestiegen sind wie diejenigen des Hochbaus (vgl. S. 58).

In welchem Maße die Mechanisierung des Straßenbaus Arbeitskräfte ersetzt, geht daraus hervor, daß sich das Straßenbauvolumen seit 1950 etwa vervierfacht, die Zahl der im Straßenbau Beschäftigten aber nur um rund ein Drittel zugenommen hat. Der Lohnanteil (ohne Nebenkosten) an den Gesamtkosten beträgt zur Zeit im reinen Erdbau 12 bis 15 vH, im Straßenbau 17 bis 20 vH und im Wohnungsbau 35 bis 40 vH. Im Durchschnitt der bauindustriellen Leistungen liegen die Lohnkosten gegenwärtig bei 29 vH.

Veränderungen der Kosten....

Die Kostenstruktur des Baugewerbes hat sich mit der Technisierung der Produktion merklich geändert. Obwohl die Löhne und Gehälter von 1950 bis 1959 unter Berücksichtigung der eingetretenen Arbeitszeitverkürzung um etwa 80 vH gestiegen sind, ging die Lohn- und Gehaltsquote (Löhne und Gehälter in vH des Gesamtumsatzes) des nordrhein-westfälischen Bauhauptgewerbes in dem genannten Zeitraum von 39 vH auf 35,7 vH zurück. In der Bauindustrie verringerte sich der Anteil von 40,2 vH auf 34,7 vH und im handwerklichen Bauhauptgewerbe von 38 auf 36,4 vH.

Wie schon angedeutet wurde, hat der Grad der Mechanisierung nicht in den größten Betrieben am stärksten zugenommen, sondern in den Klein- und Mittelbetrieben. Ging die Lohn- und Gehaltsquote in der oberen Größenklasse (Betriebe der Bauindustrie mit 50 und mehr Beschäftigten) zwischen 1950 und 1959 von 40,7 auf 35,3 vH zurück, so in der Größenklasse 20 bis 49 Beschäftigte von 38,8 auf 29,8 vH und in der Größenklasse 1 bis 9 Beschäftigte von 38,1 auf 25,8 vH. In der Größenklasse 10 bis 19 Beschäftigte blieb der Anteil nahezu konstant. Der Vergleich der 1959 erreichten Werte in den einzelnen Größenklassen läßt erkennen, daß die Klein- und mittleren Betriebe den größeren in der Mechanisierung keineswegs nachstehen, wobei freilich zu beachten ist, daß die Schwerpunkte der Produktion jeweils auf anderen Sektoren liegen.

Bei den ausgewiesenen Löhnen und Gehältern handelt es sich um reine Lohnkosten (also ohne Nebenkosten wie freiwillige Sozialleistungen und dgl.). Nun haben sich aber auch die Nebenkosten erheblich erhöht; denn angesichts der angespannten Lage am Arbeitsmarkt sind die Bauunternehmen gezwungen, freiwillige Vergünstigungen, zum Beispiel im Hinblick auf die Altersversorgung, zu gewähren. Die effektiven Lohn- und Gehaltskosten sind also in Wirklichkeit höher als oben angegeben, und zwar um so mehr, als die Bauunternehmen zur Zeit qualifizierte Arbeitskräfte bei saisonbedingter Abschwächung der Beschäftigung nicht entlassen können. Im übrigen sind auch aus technischen Gründen (weil die Maschinen, ob voll oder teilweise ausgelastet, bedient werden müssen) erheblich mehr Fachkräfte ganzjährig zu beschäftigen als früher.

Dennoch ist in der Kostenstruktur des Bauhauptgewerbes eine wesentliche Verschiebung nach der Kapitalseite hin und damit zu den fixen Kosten

T a b e l l e  7

Lohn- und Gehaltsquote, Lohnquote

| | Bauhauptgewerbe | | | | | Bauindustrie | | | | | Bauhandwerk | | | | |
|---|---|---|---|---|---|---|---|---|---|---|---|---|---|---|---|
| | Umsatz 1 000 DM | Löhne u. Gehälter 1 000 DM | Löhne 1000 DM | Anteil am Umsatz: Löhne u. Gehälter | Anteil am Umsatz: Löhne | Umsatz 1 000 DM | Löhne u. Gehälter 1 000 DM | Löhne 1000 DM | Anteil am Umsatz: Löhne u. Gehälter | Anteil am Umsatz: Löhne | Umsatz 1 000 DM | Löhne u. Gehälter 1 000 DM | Löhne 1000 DM | Anteil am Umsatz: Löhne u. Gehälter | Anteil am Umsatz: Löhne |
| Bundesrepublik | | | | | | | | | | | | | | | |
| Juli 1950 | 537 874 | 216 698 | 201 972 | 40,3 | 37,6 | 205 510 | 86 963 | 77 959 | 42,3 | 37,9 | 332 364 | 129 735 | 124 013 | 39,0 | 37,3 |
| " 1951 | 623 529 | 268 068 | 250 532 | 43,0 | 40,2 | 258 309 | 106 303 | 95 116 | 41,2 | 36,8 | 365 220 | 161 765 | 155 416 | 44,3 | 42,6 |
| " 1952 | 855 284 | 322 068 | 301 636 | 37,7 | 35,3 | 353 853 | 125 730 | 112 705 | 35,5 | 31,9 | 501 431 | 196 338 | 188 931 | 39,2 | 37,7 |
| " 1953 | 1 021 841 | 385 181 | 361 683 | 37,7 | 35,4 | 414 551 | 147 218 | 132 121 | 35,5 | 31,9 | 607 290 | 237 963 | 229 562 | 39,2 | 37,8 |
| " 1954 | 1 147 318 | 418 002 | 392 527 | 36,4 | 34,2 | 451 141 | 157 967 | 141 906 | 35,0 | 31,5 | 696 177 | 260 035 | 250 621 | 37,4 | 36,0 |
| " 1955 | 1 369 357 | 506 711 | 476 273 | 37,0 | 34,8 | 535 510 | 193 681 | 174 475 | 36,2 | 32,6 | 833 847 | 313 030 | 301 798 | 37,5 | 36,2 |
| " 1956 | 1 567 323 | 554 835 | 519 230 | 35,4 | 33,1 | 636 816 | 210 015 | 187 419 | 33,0 | 29,4 | 930 507 | 344 820 | 331 811 | 37,1 | 35,7 |
| " 1957 | 1 483 801 | 551 518 | 512 133 | 37,2 | 34,5 | 563 824 | 204 821 | 179 910 | 36,3 | 31,9 | 919 977 | 346 697 | 332 223 | 37,7 | 36,1 |
| " 1958 | 1 678 961 | 625 718 | 583 109 | 37,3 | 34,7 | 656 158 | 238 584 | 211 749 | 36,4 | 32,3 | 1 022 803 | 387 134 | 371 360 | 37,9 | 36,3 |
| " 1959 | 2 016 002 | 684 783 | 636 781 | 34,0 | 31,6 | 799 202 | 259 177 | 229 130 | 32,4 | 28,7 | 1 216 800 | 425 606 | 407 651 | 35,0 | 33,5 |
| Nordrhein-Westfalen | | | | | | | | | | | | | | | |
| Juli 1950 | 179 564 | 70 059 | 65 074 | 39,0 | 36,2 | 72 548 | 29 192 | 25 959 | 40,2 | 35,8 | 107 016 | 40 867 | 39 115 | 38,2 | 36,6 |
| " 1951 | 210 662 | 95 397 | 89 081 | 45,3 | 42,3 | 89 029 | 40 487 | 36 206 | 45,5 | 40,7 | 121 633 | 54 910 | 52 875 | 45,1 | 43,5 |
| " 1952 | 284 799 | 111 538 | 103 870 | 39,2 | 36,5 | 115 927 | 46 151 | 41 032 | 39,8 | 35,4 | 168 872 | 65 387 | 62 838 | 38,7 | 37,2 |
| " 1953 | 355 934 | 138 637 | 129 490 | 39,0 | 36,4 | 148 067 | 56 647 | 50 591 | 38,3 | 34,2 | 207 867 | 81 990 | 78 899 | 39,4 | 38,0 |
| " 1954 | 387 607 | 147 254 | 137 290 | 38,0 | 35,4 | 161 083 | 62 000 | 55 403 | 38,5 | 34,4 | 226 524 | 85 254 | 81 887 | 37,6 | 36,1 |
| " 1955 | 460 422 | 175 431 | 163 345 | 38,1 | 35,5 | 201 609 | 76 921 | 68 747 | 38,2 | 34,1 | 258 813 | 98 510 | 94 598 | 38,1 | 36,6 |
| " 1956 | 539 861 | 190 663 | 176 293 | 35,3 | 32,7 | 252 002 | 83 782 | 73 952 | 33,2 | 29,3 | 287 859 | 106 881 | 102 341 | 37,1 | 35,6 |
| " 1957 | 529 298 | 197 730 | 181 306 | 37,4 | 34,3 | 229 612 | 84 997 | 73 739 | 37,0 | 32,1 | 299 686 | 112 733 | 107 567 | 37,6 | 35,9 |
| " 1958 | 581 622 | 216 581 | 199 367 | 37,2 | 34,3 | 254 080 | 92 126 | 80 605 | 36,3 | 31,7 | 327 542 | 124 455 | 118 762 | 38,0 | 36,3 |
| " 1959 | 627 873 | 224 033 | 205 577 | 35,7 | 32,7 | 267 980 | 93 117 | 80 918 | 34,7 | 30,2 | 359 893 | 130 916 | 124 659 | 36,4 | 34,6 |

Berechnet nach Angaben des Statistischen Bundesamtes und des Statistischen Landesamtes Nordrhein-Westfalen

eingetreten[16]. Die Aufwendungen für Neu- und Ersatzinvestitionen sowie für die Instandhaltung des Geräteparks sind gegenüber der Vorkriegszeit auf das Mehrfache gestiegen; bei hochmechanisierten Betrieben machen sie bis zu 20 vH des Umsatzes aus und übersteigen damit nicht selten die Lohnkosten. Dabei spielt auch der Umstand mit, daß die Maschinen infolge der rasanten Konstruktionsfortschritte immer rascher technisch veralten, wie sie auch infolge der leichteren Bauart früher verschleißen.

Mit zunehmender Kapitalintensität vermindert sich naturgemäß die Elastizität der Betriebe. Wachsende Kapazität und hohe Fixkosten bedingen Kontinuität der Aufträge und damit verstärkte Auftragspolster, und zwar um so mehr, als die Arbeitsvorbereitung, die Personal-, Material- und Gerätedisposition sowie die Organisation der Baustelle erheblich mehr Zeit und Umsicht erfordern als früher. Beispielsweise werden, wie erwähnt, für eine Baustelle an der Autobahn von 5 km Länge etwa 800 t Geräte benötigt, jedoch nicht gleichzeitig, sondern immer bestimmte Maschinensätze nacheinander. Zur gleichen Zeit arbeitet dasselbe Bauunternehmen aber oft noch an anderen Baustellen, so daß der Geräte- (wie auch der Personal- und Materialeinsatz) zwischen den einzelnen Baustellen koordiniert werden muß.

### ... und der Beschäftigtenstruktur

Technisierung und Komplizierung der Bauleistungen wandeln aber auch die Beschäftigtenstruktur. Arbeitete man früher mit einem kleinen Stamm von Facharbeitern und stellte je nach der Beschäftigungslage Hilfsarbeiter ein, so überwiegen heute die gelernten Arbeitskräfte. Neben die herkömmlichen Berufe wie die der Maurer, Zimmerer, Putzer usw. traten mit dem Aufkommen der modernen Bauverfahren Spezialberufe, zum Beispiel der des Betonbauers, Eisenbiegers, Einschalers oder Isolierers. Für die Bedienung der technischen Apparatur mußten zunehmend technisch geschulte Leute eingestellt werden, so Baumaschinenführer für Bagger, Turmdrehkräne und Straßenfertiger. Darüber hinaus erfordern die Ausdehnung der Spannweiten und die sonstigen Fortschritte der Baukonstruktionen und

---

16. Durch den Zwang, Facharbeiter während des Saisontiefs durchzuhalten und allgemein durch die zusätzlichen Aufwendungen für die "Erhaltung" der Belegschaft hat freilich auch ein Teil der Lohnkosten den Charakter von fixen Kosten gewonnen

-technologie ingenieurmäßiges Wissen und entsprechend geschulte Ingenieure, Statiker und dergleichen. Im Straßenbau zum Beispiel ist die Zahl der für eine bestimmte Straßenfläche benötigten Arbeiter allein seit 1954/55 um etwa ein Fünftel zurückgegangen; dagegen hat sich in dieser Zeit die Zahl der auf der Baustelle benötigten technischen und kaufmännischen Arbeitskräfte (sog. aufsichtsführendes Baustellenpersonal) um ein Zehntel erhöht. Auch in den übrigen Bausparten verlagerte sich das Schwergewicht von den weniger qualifizierten Arbeitskräften zum Fachpersonal.

Die modernen Arbeitsmethoden allein garantieren aber noch keinen Erfolg; um technisch und wirtschaftlich den höchstmöglichen Effekt zu erreichen, bedarf es industriemäßiger Arbeitsorganisation und straffer betriebswirtschaftlicher Leitung und darüber hinaus der Koordinierung aller Einzelleistungen zu einem Werk. So nehmen Organisation und Verwaltung wachsende Teile der gesamten Betriebsleistung in Anspruch. Der Weg führte vom handwerklich geführten Betrieb alter Prägung zum industriemäßig geführten Unternehmen, das man mit Recht als wandernde Fabrik bezeichnet.

Im gesamten Bauhauptgewerbe hat sich die Zahl der tätigen Inhaber und Mitinhaber in den letzten 10 Jahren erheblich verringert. Ebenso ist die Zahl der gewerblichen Lehrlinge, Umschüler und Praktikanten zurückgegangen[17]. Dagegen ist eine beträchtliche Zunahme der kaufmännischen und technischen Angestellten, der zum Teil als Betonbauer bzw. als Einschaler eingesetzten Maurer und Zimmerer und mehr noch der "übrigen" Facharbeiter festzustellen.

In der Bauindustrie treten die hier aufgeführten Tendenzen besonders deutlich in Erscheinung. Die Zahl der kaufmännischen und technischen Angestellten (einschl. kaufmännischer und technischer Lehrlinge) der nordrhein-westfälischen Bauindustrie hat von 1950 bis 1959 bei einem Wachstum der Beschäftigtenzahl insgesamt von 55 vH um 109 vH, die Zahl der Zimmerer (Einschaler) um 124 vH und die Zahl der "übrigen" Facharbeiter um 168 vH zugenommen. Damit erhöhte sich der Anteil der kaufmännischen und technischen Angestellten an der Gesamtbeschäftigtenzahl

---

17. Der Rückgang der gewerblichen Lehrlinge im Bauhauptgewerbe beruht freilich nicht auf der Technisierung des Bauschaffens; er geht vielmehr auf das Nachlassen der Zahl der Lehrlinge überhaupt und auf die Vorliebe der Jugend für betont technische Berufe zurück

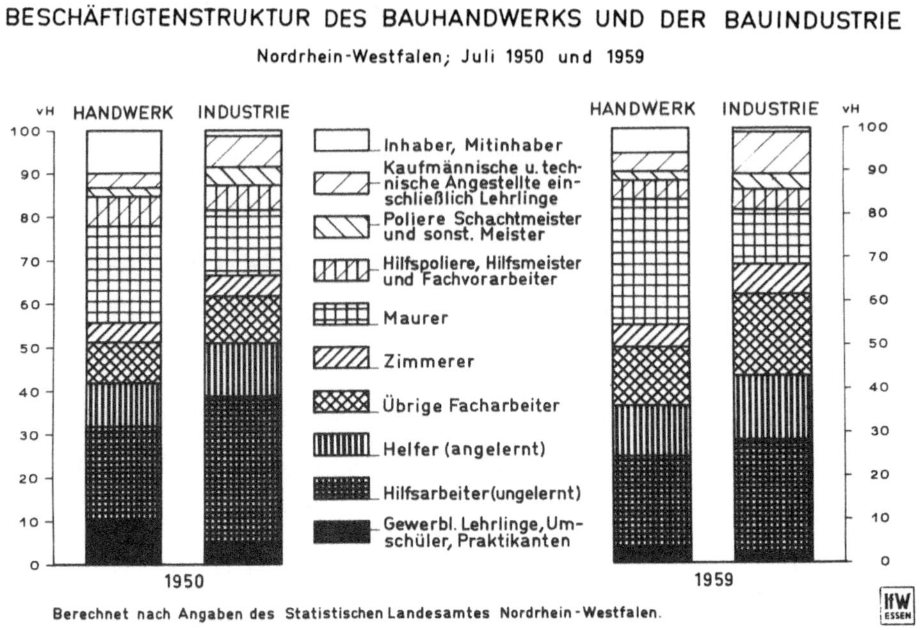


A b b i l d u n g 4

Beschäftigtenstruktur des Bauhandwerks und der Bauindustrie

der Bauindustrie von 7,3 (1950) auf 9,8 vH (1959) und der Anteil der "übrigen" Facharbeiter von 10,8 auf 18,6 vH.

Die Zahl der kaufmännischen und technischen Angestellten vergrößerte sich in der Bauindustrie mit rund 200 vH am stärksten bei den Betrieben mit 500 und mehr Beschäftigten. 1950 entfielen in der Klasse mit 1 000 und mehr Beschäftigten auf einen Betrieb rund 130 kaufmännische und technische Angestellte, 1959 rund 240. Die Zahl der durchschnittlich in einem Betrieb beschäftigten kaufmännischen und technischen Angestellten war Ende Juli 1959 in den Betrieben bis zu 49 Beschäftigten geringer als Ende Juli 1950; in den Betrieben mit 50 und mehr Beschäftigten dagegen war sie 1959 wesentlich größer. Es ist zu erkennen, daß mit der Betriebsgröße auch die durchschnittliche Zahl der kaufmännischen und technischen Angestellten zunimmt, was teils auf die mit der Größe der Aufträge wachsenden technischen und organisatorischen Anforderungen der Bauleistungen, teils aber auch auf die unterschiedliche Auftragsstruktur von Groß-, Mittel- und Kleinbetrieben zurückzuführen ist.

## c) Wachsende Konjunkturempfindlichkeit

Die mit der Mechanisierung und durch die angespannte Arbeitsmarktlage zunehmenden fixen Kosten (Abschreibungen, Zinsen für Fremdkapital, Durchhalten von Arbeitskräften) haben eine gesteigerte Abhängigkeit des Baugewerbes vom allgemeinen Konjunkturverlauf zur Folge. Die Bauunternehmer sind gezwungen, sich stärker als früher um Vollbeschäftigung zu bemühen. Zur Zeit gilt trotz der starken Nachfrage nach Bauleistungen ein Auftragsbestand von 4 Monaten schon als hoch; wirtschaftlicher ist jedoch ein Bestand von 5 bis 6 Monaten.

Dies schließt ein, daß auch die Spannen zwischen Abschluß des Bauvertrages und Beginn der Bautätigkeit größer sein sollten, als sie zur Zeit sind. Gegenwärtig sind die Bauunternehmer oft gehalten, wenige Tage nach Abschluß des Bauvertrages mit der Arbeit zu beginnen.

Es liegt auf der Hand, daß diesen Forderungen nur entsprochen werden kann, wenn auch auf der Auftragsseite langfristige, "vorausschauende" Baupläne vorliegen (vgl. S. 59 ff.).

Ob und in welchem Maße die Betriebe des Bauhauptgewerbes - wie da und dort behauptet wird - unterkapitalisiert sind, kann nicht festgestellt werden. Sicher ist jedoch, daß viele Unternehmen stark verschuldet sind, daß hohe Verbindlichkeiten für Baumaterialien bestehen und daß auch die Investitionen größtenteils mit Hilfe kurzfristiger Kredite finanziert werden. Freilich stehen dem auf der anderen Seite hohe Forderungen gegenüber.

Die über 8 Wochen alten Forderungen des westdeutschen Bauhauptgewerbes beliefen sich am 31. Juli 1959 auf 1 510 Mill. DM und machten damit drei Viertel des Juli-Umsatzes (2 016 Mill. DM) aus. Der relativ hohe Stand der Debitoren geht zum Teil auf die schlechten Zahlungsgewohnheiten bestimmter Bauherren zurück; zum Teil liegen die Ursachen aber auch darin, daß es die Bauunternehmer versäumen, die Zahlungstermine vertraglich exakt festzulegen.

# 3. Wandlungen der Auftrags- und Wettbewerbsbedingungen

## a) Ein gespaltener Markt

Das Baugewerbe unterscheidet sich in mehrfacher Hinsicht von der stationären Industrie. Während diese in der Regel (gleichartige) Serien- oder Massenprodukte produziert und über den Handel absetzt, erbringt das

Baugewerbe fast ausschließlich Einzelleistungen, die sich nach Größe und Art mehr oder weniger voneinander unterscheiden. Hinzu kommt, daß keine Geschlossenheit der Produktion - wie bei der stationären Industrie - vorliegt; vielmehr ist die Gesamtbauleistung in Planung und Ausführung - oft von verschiedenen selbständigen Betrieben ausgeübt - aufgegliedert. Bei größeren Wohnungsobjekten ist darüber hinaus nicht selten auch die Ausführung aufgeteilt in Bauleitung (Wohnungsbauträger) und Arbeitsvollzug (Bauunternehmung). Schließlich sieht sich das Baugewerbe, das selber eine Vielzahl miteinander konkurrierender Betriebe aufweist, auf der Nachfrageseite einem privaten und einem öffentlichen Sektor gegenüber. Im öffentlichen Bereich stehen den Anbietern zwar zahlreiche Einzelnachfrager gegenüber (vgl. S. 56), indessen ist deren Marktverhalten gleichartig - durch einheitliche Spielregeln (VOB) - festgelegt. Zumindest im Straßenbau besteht, da gleiche Leistungen von anderen nicht oder doch nur in sehr begrenztem Maße nachgefragt werden, die Situation eines (Quasi-) Nachfragemonopols.

Die Spaltung des Baumarktes setzte mit dem durch Industrialisierung und Bevölkerungswachstum progressiv zunehmendem Bedarf an Schulen, Krankenhäusern, Rathäusern und sonstigen Verwaltungsgebäuden, an Wohnungen für Arbeitnehmer im öffentlichen Dienst, Gas-, Wasser- und Elektrizitätsversorgungsanlagen, Talsperren und Verkehrsbauten aller Art ein.

Die Bauwirtschaft wurde damit zunehmend vom Staat und von den Gemeinden abhängig. Nach dem ersten Weltkrieg steigerte sich die Abhängigkeit durch die Eingriffe des Staates in den Wohnungsbau.

Schon im 19. Jahrhundert hatte ein akuter Wohnungsmangel geherrscht. Durch das Brachliegen des Wohnungsbaus während des ersten Weltkrieges verzögerte sich das Defizit erheblich. Das war der Anlaß zu den bekannten Maßnahmen der damaligen Regierung zur Förderung des Wohnungsbaus und zum Schutz der Mieter: Subventionierung des Neuwohnungsbaus, Reichsmietengesetz von 1922 (Mietfestsetzung für Altwohnungen), Belastung der Altwohnungen mit der Hauszinssteuer (1924), Kontrolle der Wohnungsverwaltung usw. Nach dem letzten Kriege verstärkte sich der Einfluß des Staates auf den Wohnungsmarkt vor allem durch den sozialen Wohnungsbau. Von dem effektiven Kapitalaufwand für den Wohnungsbau in den Jahren 1950 bis 1959 stammten rund 31 vH, nämlich 28,7 Mrd. DM von 91,5 Mrd. DM, aus öffentlichen Mitteln.

Nach dem letzten Kriege sind auch die Bauinvestitionen der Wirtschaft unmittelbar (Investitionshilfe, Kohlenabgabe, Förderungsmaßnahmen für die gewerbliche Wirtschaft und die Landwirtschaft) oder mittelbar (z.B. durch steuerpolitische Maßnahmen) vom Staat beeinflußt worden.

In jüngerer Zeit hat sich der Einfluß des Staates auf den Wohnungsbau und auf die gewerblichen Bauinvestitionen verringert. Die öffentlichen Wohnungsbaumittel machten beispielsweise 1951 47,1 vH, 1955 dagegen nur noch 27,6 vH und 1959 sogar nur 24,8 vH des effektiven Aufwandes für den Wohnungsbau aus.

Die Mietbestimmungen sind aufgelockert, das Kapitalmarktförderungsgesetz und die Investitionshilfe ausgelaufen usw.

Nun deutet aber manches darauf hin, daß der Staat künftig stärker als Bauherr in Erscheinung treten wird als bisher. Neben den Verteidigungsbauten stellen der starke Zuwachs des Verkehrs sowohl zu Lande als auch auf den Wasserstraßen und darüber hinaus der rasch wachsende Wasserbedarf der Wirtschaft und der Bevölkerung die Öffentliche Hand vor neue große Bauaufgaben. Welche Reserven hier ruhen, wird deutlich, wenn man sich vor Augen führt, daß allein der Finanzierungsbedarf für Straßenbauten mit 6 bis 7 Mrd. DM im Jahre beziffert wird.

Im ganzen entfällt zur Zeit rund ein Viertel des westdeutschen Bauvolumens auf Aufträge der Öffentlichen Hand. Hinzu kommen die Ausgaben für den sozialen Wohnungsbau, die bislang noch etwas darüber hinausgingen. So bestritten der öffentliche und Verkehrsbau und der soziale Wohnungsbau zusammen 1959 rund 50 vH des gesamten westdeutschen Bauvolumens. Mittelbar beeinflußt der Staat das Baugeschehen ferner durch die steuerlichen Begünstigungen des Wohnungsbaus (auch außerhalb des sozialen Wohnungsbaus) sowie durch bestimmte Maßnahmen für die Wirtschaft, zum Beispiel durch die Förderung des ländlichen Siedlungsprogramms, des landwirtschaftlichen Umsiedlungsprogramms, durch die Flurbereinigung usw.

Im einzelnen betrugen 1959 das nominale Volumen des öffentlichen und Verkehrsbaus 9,6 Mrd. DM (hiervon entfällt allerdings ein geringer Teil auf andere Auftraggeber, z.B. auf die Industrie), die Leistungen der Öffentlichen Hand für den Wohnungsbau 3,750 Mrd. DM, und die öffentlichen Mittel für bauliche Investitionen der Landwirtschaft schätzungsweise 500 Mill. DM.

Die gesamten Investitionen (Bau- und Ausrüstungsinvestitionen) in der Bundesrepublik beliefen sich 1958 auf reichlich 50 Mrd. DM und 1959 auf reichlich 57 Mrd. DM. Demgegenüber betrugen die Eigeninvestitionen der Öffentlichen Hand und die für "andere" Investoren zur Verfügung gestellten öffentlichen Mittel insgesamt in diesen beiden Jahren 13,1 Mrd. DM bzw. 14,7 Mrd. DM und damit jeweils 26 vH aller Investitionen in der Bundesrepublik.

## b) Die Verdingungsordnung für Bauleistungen (VOB)

Schon im 17. Jahrhundert wurden größere Bauaufträge gelegentlich ausgeschrieben. Im allgemeinen herrschte aber bis weit ins 19. Jahrhundert hinein selbst bei Großaufträgen die freihändige, d.h. unmittelbare Auftragsvergebung vor. Der persönliche Kontakt zwischen Auftraggeber und -nehmer ging im Zuge der fortschreitenden Industrialisierung nach und nach verloren. Der Geschäftsverkehr gestaltete sich unpersönlich; an die Stelle der mündlichen Abmachung und des Handschlages trat der schriftliche Bauvertrag.

Die schon Jahrzehnte währenden Bemühungen um eine einheitliche Regelung der Vergabevorschriften führten im Jahre 1926 zur ersten Verdingungsordnung für Bauleistungen (VOB) auf Reichsbasis. Freilich dauerte es lange Zeit, bis sie von allen Baubehörden, Bauträgern und Architekten befolgt wurde[18]. 1952 wurde sie nach den gesammelten Erfahrungen geändert und am 1. März 1953 in der neuen Fassung in Kraft gesetzt. Teil A ist verbindliche Verfahrensvorschrift. Teil B ist als Vertragsbestandteil zugrunde zu legen. Abweichungen von diesen allgemeinen Vertragsbedingungen sind indessen - von der Bauwirtschaft her gesehen - leider möglich, da laut VOB Teil B § 1 Ziff. 2 bei Widersprüchen im Vertrage Teil B der VOB erst an letzter Stelle zum Zuge kommt. Von der Wirtschaft werden jedoch auch heute noch größere Projekte von Fall zu Fall freihändig, d.h. ohne ein ordnungsmäßiges Vergabeverfahren im Sinne der VOB, vergeben.

Die wichtigste Bestimmung der VOB behandelt die Ausschreibung von Bauleistungen für die Öffentliche Hand. Lediglich kleine Aufträge können freihändig vergeben werden. Für alle Aufträge von nennenswertem Umfang ist die Ausschreibung oder Submission vorgeschrieben; diese kann

18. Vgl.: Fünfzig Jahre rheinisch-westfälisches Baugewerbe, a.a.O., S. 52 f.

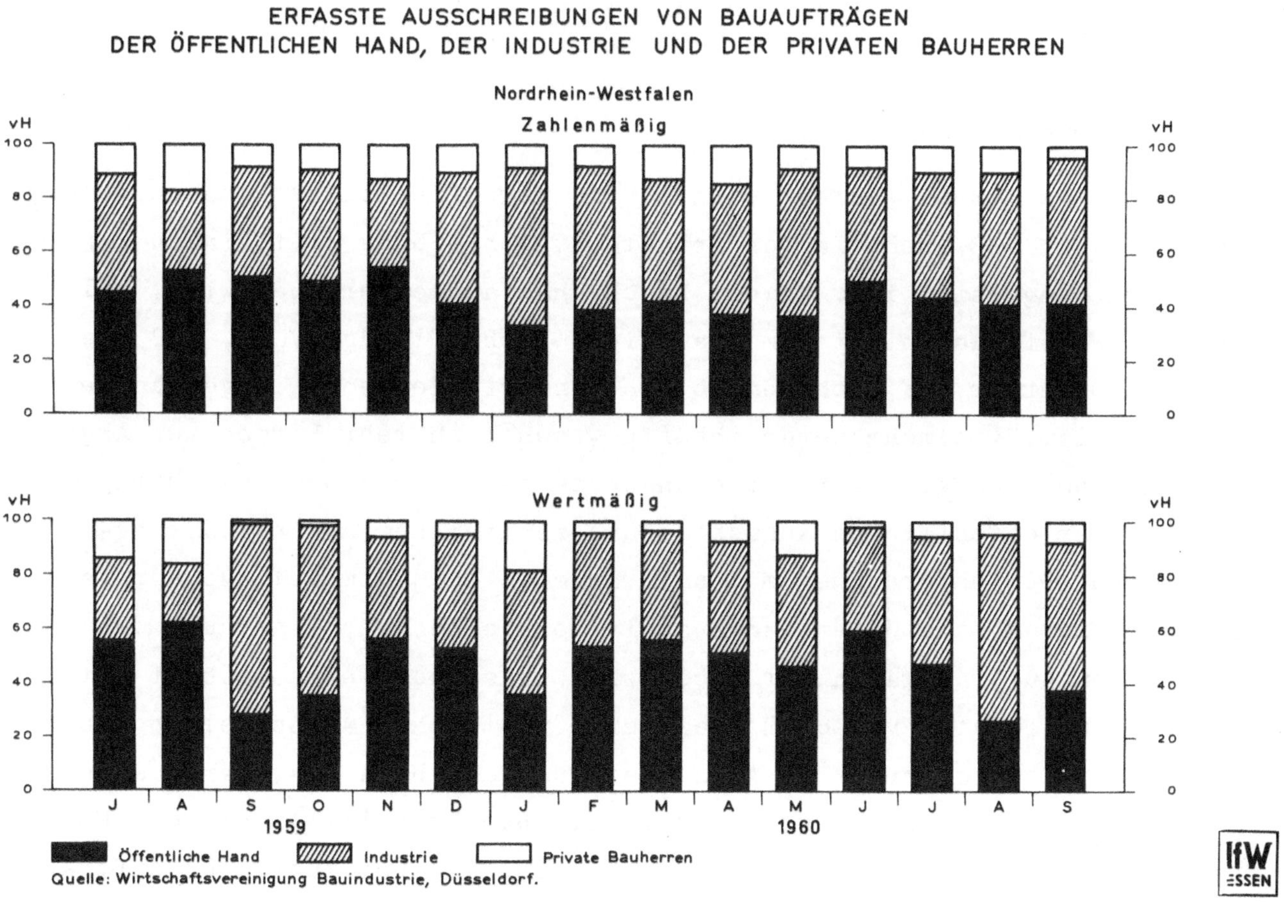


Abbildung 5

Erfaßte Ausschreibungen der Öffentlichen Hand,
der Industrie und der privaten Bauherren

öffentlich oder beschränkt sein. Beschränkt soll sie sein, wenn a) die betreffende Leistung nur von einem begrenzten Kreis von Baufirmen ausgeführt werden kann, d.h. außergewöhnliche Leistungsfähigkeit oder Zuverlässigkeit erfordert und b), wenn die öffentliche Ausschreibung für den Auftraggeber oder die Bewerber einen Aufwand verursachen würde, der zu dem erreichbaren Vorteil oder dem Wert der Leistung in Mißverhältnis stehen würde. In allen anderen Fällen ist öffentlich auszuschreiben.

Die Bauwirtschaft bejaht die VOB an sich, bemängelt aber, daß sie von den auftraggebenden Stellen nicht immer ihrem Wortlaut und Sinn gemäß gehandhabt werde. Im folgenden die wichtigsten "Rügen" und Vorschläge des Baugewerbes (Bauhandwerk und -industrie) und die jeweiligen "Entgegnungen" der Öffentlichen Hand, wobei hier stellvertretend die Argumente des sogenannten Arbeitskreises - AK - Wettbewerb Bau[19] wiedergegeben seien.

1. Baugewerbe:

Die Öffentliche Hand bedient sich häufig der öffentlichen Ausschreibung, wenn nach der VOB auch die beschränkte Ausschreibung stattfinden kann oder sogar angezeigt ist. Soweit beschränkt ausgeschrieben wird, hält sich der Nachfrager nicht immer an die Vorschrift (der VOB), daß die Zahl der Bewerber auf höchstens 8, in Sonderfällen sogar enger zu beschränken ist; vielmehr werden häufig wesentlich mehr Firmen zur Abgabe eines Angebots aufgefordert. Die Angebote je Auftrag bzw. "Nachfrage" sind bei der öffentlichen Ausschreibung zahlreicher als bei der beschränkten. Der Unternehmer muß sein Angebot in jedem Fall so sorgfältig kalkulieren, als ob er den Zuschlag erhielte, und zwar auch dann, wenn er den Auftrag gar nicht haben will. Das Baugewerbe rechnet mit Ausschreibungskosten von 6 vH (bei der öffentlichen Ausschreibung) bzw. 1,4 vH (bei der beschränkten Ausschreibung) des Umsatzes, der aus der jeweiligen Ausschreibungsart herrührt; im Durchschnitt liegen die Kosten bei 3,5 bis 4 vH. Nur jedes 15. bis 20. Angebot führt zum Auftrag; für das 15- bis 20fache des Umsatzes sind demnach Angebote einzureichen. Diese Kosten müssen bei den Angeboten, die zu Aufträgen führen, berücksichtigt werden. Das sei ein enormer Betrag; so habe zum Beispiel das nordrhein-westfälische Baugewerbe nach Berechnungen und Schätzungen der Wirtschaftsvereinigung Bauindustrie des Landes Nordrhein-Westfalen allein im 2. Halbjahr 1959 etwa 50 Mill. DM für die Bearbeitung von Angeboten aufgewandt.

Arbeitskreis:

Bei der öffentlichen Ausschreibung ist der Wettbewerb freier und die Möglichkeit der Preisabsprache (Verdingungskartell) geringer. Diese Vorteile sind so wesentlich, daß die durch dieses Verfahren entstehenden hohen Kosten in Kauf genommen werden können. Die öffentliche Ausschreibung ist daher - soweit vertretbar - der beschränkten vorzuziehen.

19. Vgl. Der Bundesminister für Wirtschaft: Bericht des interministeriellen Arbeitskreises "Wettbewerb Bau" über das Problem des Wettbewerbs bei öffentlichen Bauaufträgen; abgeschlossen im Juni 1959 (als Manuskript gedruckt), S. 22 bis 44. - Der AK ist keine ständige Einrichtung

T a b e l l e 8

Erfaßte Ausschreibungen von Bauaufträgen
Nordrhein-Westfalen

| | | | Ausschreibungen | | | |
|---|---|---|---|---|---|---|
| | | | | davon waren | | |
| | | insgesamt | öffentliche Ausschreibungen | beschränkte Ausschreibungen | freihändige Vergaben |
| 1959 | Juli | Anzahl | 78 | 14 | 50 | 14 |
| | | vH | 100 | 18,0 | 64,1 | 17,9 |
| | August | Anzahl | 51 | 9 | 23 | 19 |
| | | vH | 100 | 17,6 | 45,1 | 37,3 |
| | September | Anzahl | 91 | 6 | 59 | 26 |
| | | vH | 100 | 6,6 | 64,8 | 28,6 |
| | Oktober | Anzahl | 173 | 29 | 121 | 23 |
| | | vH | 100 | 16,8 | 69,9 | 13,3 |
| | November | Anzahl | 98 | 17 | 70 | 11 |
| | | vH | 100 | 17,4 | 71,4 | 11,2 |
| | Dezember | Anzahl | 197 | 27 | 121 | 49 |
| | | vH | 100 | 13,7 | 61,4 | 24,9 |
| 1960 | Januar | Anzahl | 178 | 21 | 109 | 48 |
| | | vH | 100 | 11,8 | 61,2 | 27,0 |
| | Februar | Anzahl | 159 | 15 | 108 | 36 |
| | | vH | 100 | 9,4 | 67,9 | 22,7 |
| | März | Anzahl | 238 | 43 | 142 | 53 |
| | | vH | 100 | 18,0 | 59,7 | 22,3 |
| | April | Anzahl | 217 | 29 | 121 | 67 |
| | | vH | 100 | 13,3 | 55,8 | 30,9 |
| | Mai | Anzahl | 222 | 33 | 109 | 80 |
| | | vH | 100 | 14,9 | 49,1 | 36,0 |
| | Juni | Anzahl | 131 | 21 | 73 | 37 |
| | | vH | 100 | 16,0 | 55,7 | 28,3 |
| | Juli | Anzahl | 208 | 50 | 102 | 56 |
| | | vH | 100 | 24,0 | 49,1 | 26,9 |
| | August | Anzahl | 230 | 39 | 134 | 57 |
| | | vH | 100 | 16,9 | 58,3 | 24,8 |
| | September | Anzahl | 160 | 33 | 87 | 40 |
| | | vH | 100 | 20,6 | 54,4 | 25,0 |

Quelle: Wirtschaftsvereinigung Bauindustrie, Düsseldorf

2. Baugewerbe:

Das Baugewerbe schlägt vor, durch eine Art Vorsubmission in Form der öffentlichen Ausschreibung die Bearbeitungskosten für Angebote zu vermindern. Auf diese Weise sollen die Baufirmen - ohne daß sie zunächst ein Angebot machen - den Nachweis erbringen, daß sie in der Lage sind, die in Betracht kommenden Aufträge rationell auszuführen, d.h. daß sie über die entsprechenden Geräte, Arbeitskräfte usw. verfügen. (Bis jetzt fordert der öffentliche Auftraggeber im allgemeinen nur den Nachweis, daß gleichartige Aufträge schon einmal ausgeführt worden sind.) Dieses Verfahren schließe in vielen Fällen von vornherein einen Teil der für das vorgesehene Objekt nicht geeigneten Bewerber von der eigentlichen Submission aus, die so den Charakter einer beschränkten Ausschreibung erhalte.

Arbeitskreis:

Gegen die "Vorsubmission" mit nachfolgender beschränkter Ausschreibung (Zwei-Phasen-Ausschreibung = beschränkt-öffentliche Ausschreibung) macht der AK geltend, daß sie nicht nur wettbewerbsmindernd wirke, sondern auch sehr zeitraubend sei. Das spräche aber für die bisher geübte Methode, die Eignung bei Abgabe des Angebots zu erbringen. Im übrigen verfügten die öffentlichen Auftraggeber bereits auf Grund ihrer Erfahrungen "für eine Vielzahl der für ihren Aufgabenbereich in Betracht kommenden Unternehmen über alle notwendigen Angaben bezüglich deren Kapazität in personeller, maschineller und finanzieller Hinsicht".

3. Baugewerbe:

Noch weiter geht der (freilich nur von einzelnen vertretene) Vorschlag, die Öffentliche Hand möge die Bauunternehmen nach ihren technischen und wirtschaftlichen Möglichkeiten klassifizieren, praktisch also eine Liste der Bauunternehmen anlegen, in der jeder Firma die ihr adäquaten Leistungen "zugewiesen" werden.

Arbeitskreis:

Der AK spricht sich gegen jedwede Klassifizierung der Baufirmen aus, da sie zwangsläufig zur beschränkten Ausschreibung führe und daher den Wettbewerb beeinträchtige. Außerdem würden dabei die kleinen und mittleren Betriebe benachteiligt, da deren Wirken notwendigerweise nach oben begrenzt werde, indes den großen Firmen praktisch alle Aufträge offenstünden. Dies sei vor allem in Zeiten abfallender Konjunktur eine Gefahr, da sich die großen Firmen in dieser Phase erfahrungsgemäß um kleine und kleinste Aufträge bemühen würden.

4. Baugewerbe:

Die Öffentliche Hand neigt - zum Teil wohl auch aus Furcht vor Beanstandungen des Rechnungshofes - dazu, ihre Bauaufträge dem jeweils billigsten Anbieter zu erteilen. Dies sei bei fast neun Zehnteln aller Vergaben der Fall. Dieses Verfahren stehe offensichtlich in Widerspruch zu § 25 Ziff. 2 VOB/A, wonach das Angebot anzunehmen ist, das unter Berücksichtigung aller technischen und wirtschaftlichen Gesichtspunkte (rationelle und einwandfreie Ausführung bei auskömmlichen Preisen für den Bieter) als richtig erscheint. Der Bundesminister für wirtschaftlichen Besitz des Bundes[20)] hat diese Forderung mit Runderlaß vom Februar 1959 besonders unterstrichen; er verlangt für jeden Zuschlag eine sogenannte positive Begründung. Die Bauwirtschaft verweist darauf, daß der billigste Bieter oft für den geforderten Preis die Leistung nicht in der gewünschten Qualität erbringen könne. Er versuche, entweder Kosten und Preis durch mangelhafte Arbeit miteinander in Einklang zu bringen oder nachträglich Preiserhöhungen zu erreichen. Die Bauwirtschaft schlägt daher vor, die höchsten und die niedrigsten Angebote zu eliminieren.

Arbeitskreis:

Der AK erklärt dazu, daß die Vergabe nach § 25 Ziff. 2 VOB/A für die Öffentliche Hand verbindlich und eine Vergabepraxis, die sich ausschließlich am niedrigsten Preis orientiere, daher zu verwerfen sei. Vielmehr müsse der Leistungswettbewerb - "als Synthese von Qualitäts- und Preiswettbewerb" - gewährleistet werden. Der AK verneint aber, daß die Auftragsvergebung von den öffentlichen Stellen so gehandhabt werde, wie das Baugewerbe behauptet. Vielmehr gehe aus Erhebungen des Bundesministers der Finanzen und des Bundesministers für wirtschaftlichen Besitz des Bundes eindeutig hervor, daß - jedenfalls bei Vorhaben des Bundes - keineswegs immer der billigste Anbieter den Zuschlag erhalte[21)]. Was

---

20. Auf diesen ist Ende 1957 die Bundeszuständigkeit im Bereich der Finanzbauverwaltung übergegangen (vorher war der Bundesminister der Finanzen die "oberste" Bundesbehörde der Finanzbauverwaltung)

21. Vgl. hierzu die Ausführungen auf S. 53 ff.

die Forderung des Baugewerbes nach Ausschaltung der niedrigsten und höchsten Angebote angeht, so wird darauf verwiesen, daß eine solche Praxis eine Erhöhung der durchschnittlichen Zuschlagpreise zur Folge haben würde; denn jeder Unternehmer, der den Zuschlag erhalten wolle, würde dann etwas höher kalkulieren als sonst, um nicht von vornherein ausgeschaltet zu sein. Im übrigen sei der niedrigste Preis keineswegs immer ein Schleuderpreis. Die Firmen unterscheiden sich in bezug auf rationelle Betriebsführung, fixe Kosten usw. wesentlich voneinander und könnten bestimmte Leistungen daher auch zu verschiedenen Preisen anbieten. Auch sei es denkbar, daß die Unternehmen in einer bestimmten Situation (z.B. wenn Überbrückungsaufträge erforderlich sind) auf Gewinn und Deckung bestimmter fixer Kosten verzichteten, entsprechend billig anböten und dennoch wirtschaftlich verführen. Wenn jedoch einmal ein Unternehmer versuchen sollte, durch mangelhafte Leistung oder Nachforderungen einen unzulänglichen Preis auszugleichen, so sollte der öffentliche Auftraggeber auf dem Vertrag beharren, Pfuscharbeit durch strenge Qualitätskontrolle unmöglich, gegebenenfalls auch von seinen Rechten (Nachbesserung, Preisminderung usw.) Gebrauch machen und nachträgliche Preiserhöhungen ablehnen.

5. Baugewerbe:

Um die Vergabepraxis der Öffentlichen Hand den Erfordernissen der Bauwirtschaft anzupassen, empfiehlt das Baugewerbe die Heranziehung von Sachverständigen. Deren Aufgabe wäre es, "die Ausschreibung vorzubereiten oder die geforderten Preise und Stundenlohnsätze (Verrechnungssätze) zu prüfen". Nach der VOB ist dies in "wichtigen Fällen" möglich (DIN 1960 § 7).

Arbeitskreis:

Wenn der öffentliche Auftraggeber zur Planung Sachverständige heranzieht, die nach Lage der Dinge nur aus dem Baugewerbe stammen können, so gewähre er diesen einen Vorsprung vor den übrigen Bauunternehmen. Das aber bedeutet Beeinträchtigung des Wettbewerbs. Soweit bei schwierigen Bauvorhaben auf die Beratung durch Sachverständige nicht verzichtet werden kann, sollten (das ist die Meinung einiger - nicht aller - Angehörigen des AK) diese für ihre Tätigkeit gesondert bezahlt werden. Im übrigen wird auf das Verfahren nach der "Anweisung für den Bau von Zentralheizungs-, Lüftungs- und zentralen Warmwasserbereitungsanlagen in öffentlichen Gebäuden" hingewiesen. Dabei ist der Wettbewerb "in Planung und Ausführung kombiniert und stellt der Auftraggeber nur das Bauprogramm auf".

6. Baugewerbe:

Der Mechanisierungsgrad des Baugewerbes ist auf die Anforderungen zur Zeit der Hochsaison zugeschnitten. In der übrigen Zeit müssen sich die Betriebe sehr bemühen, wenn sie ausreichend beschäftigt und darüber hinaus mit einer auskömmlichen Auftragsdecke versehen sein wollen. Aus diesem Grunde haben sowohl die Organisationen des Baugewerbes als auch die zuständigen Bundesressorts wiederholt vor weiterer Ausdehnung der Kapazitäten gewarnt. Damit ist freilich nicht die Tatsache aus der Welt geschafft, daß die wachsenden Kapazitäten der Bauunternehmungen im einzelnen wie im ganzen auf erhöhte Kontinuität der Bautätigkeit bei möglichst weitgehender Auslastung drängen. Nur so kann die Kostenlage der Betriebe günstiger gestaltet und die Mechanisierung auch wirtschaftlich voll genutzt werden.

Was die Auslastung der Kapazitäten angeht, so kann und wird die Bauwirtschaft weder vom Staat noch von der Wirtschaft verlangen, daß ihr Vollbeschäftigung garantiert wird. Der Umfang der Bautätigkeit wird - jedenfalls in "normalen Zeiten" - vom Bedarf, also vom Markt, bestimmt. Ausnahmen von dieser Regel kann es nur im allgemeinen Interesse geben; sie werden vor allem in der Depression praktiziert, um der gesamten Wirtschaft Impulse zu geben.

Indessen ist nach Ansicht der Bauunternehmer aber auch manches versäumt worden, was der Kontinuität und dem Gleichmaß des Bauschaffens hätte dienen können. Die "Bausaison" müsse auf das gesamte Jahr ausgedehnt und die bisher durchweg zu kurzen Fristen für die Vorbereitung und Ausführung der Aufträge müßten verlängert werden. Zwischen schriftlicher Auftragserteilung und Beginn der Arbeit liegt zur Zeit in der Regel noch nicht eine Woche, so daß die Bauleistungen nicht ordnungsgemäß vorbereitet und Personal und Gerät nicht richtig eingesetzt werden können. Ebenso sind die Fristen für die eigentliche Fertigung oft zu kurz bemessen. Dies erschwert nicht nur die Arbeitsdisposition, sondern erfordert nicht selten auch zusätzliche Investitionen, die wirtschaftlich nicht zu rechtfertigen sind.

Arbeitskreis:

Die maßgebenden öffentlichen Stellen haben auf diese Forderungen vor allem durch die bekannten Maßnahmen zur Förderung des Winterbaus reagiert. Auch sonst ist in bezug auf die Auftragsvergabe der öffentlichen Stellen eine erhebliche Verbesserung im Sinne kontinuierlicheren Bauschaffens eingetreten. Bund, Länder und Kommunen haben ihre Haushaltsführung durch Vorwegbewilligungen und Bindungsermächtigungen elastischer gestaltet und des weiteren auch durch langfristige Planungen (Fünfjahresplan der Post, Sechsjahresprogramme für den sozialen Wohnungsbau, Vier- und Zehnjahrespläne für den Straßenbau) zur Ausdehnung der Bausaison beigetragen[22]. In jüngerer Zeit seien weitere Schritte getan worden. So sollen von 1960/61 an etwa 30 vH aller Straßenbauaufträge im Winter vergeben werden. Im Rahmen der Maßnahmen zur Dämpfung der Konjunktur zum Beispiel hätten die Bundesregierung und die zuständigen Ministerien der Länder in der 2. Jahreshälfte 1960 angeordnet, daß die Bauunternehmungen bei Anfragen neben dem Hauptangebot, dem der in der Submission festgelegte Ausführungszeitraum zugrunde liegt, ein Nebenangebot abgeben können, in dem Beginn und Fertigstellung der Arbeiten abweichend hiervon den jeweiligen Möglichkeiten und Bedürfnissen ihres Betriebes angepaßt sind. Die Annahme des Nebenangebots wird in der Regel von einer entsprechenden Preisermäßigung abhängig gemacht. Schließlich wird auf die Anpassung des Haushalts- an das Kalenderjahr verwiesen, die ebenfalls hauptsächlich auf Drängen der Bauwirtschaft vorgenommen wurde.

c) Der Preis gibt den Ausschlag

Die vorhergehenden Ausführungen lassen erkennen, wie schwierig es in mancher Hinsicht ist, zu einer Übereinstimmung der Auffassungen von Auftraggeber und Auftragnehmer zu gelangen. Manches Argument des Arbeitskreises "Wettbewerb Bau" gegen die Vorschläge aus dem Baugewerbe ist durchaus stichhaltig. Das gilt beispielsweise für die Einwände gegen die Vorsubmission und gegen die Heranziehung von Sachverständigen (soweit diese aus dem Baugewerbe stammen). Nicht ganz von der Hand zu weisen ist ferner die Forderung, die öffentliche Ausschreibung "soweit

22. Vgl. Bericht des interministeriellen Arbeitskreises, a.a.O., S. 14/15

wie möglich" der beschränkten vorzuziehen. Indessen scheint es, daß manche Bauvergabestelle doch zu weit geht, d.h. nur von einem begrenzten Firmenkreis ausführbare Spezialaufträge und Aufträge von relativ geringem Umfang öffentlich ausschreibt, obwohl nach der VOB die beschränkte Ausschreibung am Platze wäre. Hier berücksichtigt die Öffentliche Hand offenbar nicht genügend, daß das gesamte Preisniveau im Steigen begriffen ist und sich damit auch bei nominal entsprechend höheren Auftragssummen die beschränkte Ausschreibung rechtfertigen läßt. Der Schwerpunkt der Aufträge liegt zahlenmäßig eindeutig bei den kleineren Aufträgen von 10 000 bis 50 000 DM Auftragssumme[23)], um die sich kleine und kleinste Firmen bemühen. Wie die laufende Marktbeobachtung der Wirtschaftsvereinigung Bauindustrie Nordrhein-Westfalen zeigt, werden selbst manche Aufträge bis zu 10 000 DM öffentlich ausgeschrieben. Gerade bei den kleineren Aufträgen ist die Streuung der Angebotspreise aber erfahrungsgemäß besonders groß: die Gebotsdifferenzen reichen bei den Aufträgen bis zu 10 000 DM bei einem Mittel von reichlich 50 vH bis zu rund 115 vH und bei den Aufträgen von 10 000 bis unter 50 000 DM bei einem Mittel von 33 vH bis zu knapp 52 vH. Bei den Aufträgen von 50 000 bis unter 500 000 DM betrugen die mittleren Abweichungen rund 34 vH und bei den Aufträgen von 500 000 bis unter 5 Mill. DM fast 28 vH. Bei höheren Werten wichen die Angebote - wohl hauptsächlich infolge unterschiedlicher Einschätzungen der Risiken - wieder stärker voneinander ab.

Die großen Abweichungen zwischen den einzelnen Angeboten müssen zu denken geben. Sie regen vor allem an nachzuprüfen, ob nun wirklich, wie der Arbeitskreis "Wettbewerb Bau" behauptet, die öffentlichen Auftraggeber in der Regel dem "angemessenen" und nicht dem billigsten Angebot den Zuschlag geben. Der Nachweis für diese Behauptung konnte nicht erbracht werden. Vielmehr deuten die Ergebnisse der angeführten Untersuchungen darauf hin, daß die Öffentliche Hand in der weitaus überwiegenden Zahl aller Fälle das niedrigste Angebot bevorzugt. Bei den Bauvorhaben des Bundes entfielen vom 1.4. bis 30.9.1957 rund 84 vH (öffentliche Ausschreibung) bzw. 97,5 vH (beschränkte Ausschreibung) aller Zuschläge auf das niedrigste Angebot. Im gewogenen Durchschnitt lagen die für den Zuschlag ausgewählten Angebote (Meßzahl des niedrigsten Ange-

---

23. Wertmäßig dominieren die größeren Objekte

## Tabelle 9

**Erfaßte Ausschreibungen von Bauaufträgen**
**Nordrhein-Westfalen**

| | | | Ausschreibungen | | | | |
|---|---|---|---|---|---|---|---|
| | | | insgesamt | davon erhielten den Zuschlag Angebot | | | |
| | | | | 1.[a] | 2.[a] | 3.[a] | 4.u.ff.[a] |
| 1959 | Juli | Anzahl | 38 | 35 | 2 | - | 1 |
| | | vH | 100,0 | 92,1 | 5,3 | - | 2,6 |
| | August | Anzahl | 21 | 20 | 1 | - | - |
| | | vH | 100,0 | 95,2 | 4,8 | - | - |
| | September | Anzahl | 61 | 48 | 7 | 3 | 3 |
| | | vH | 100,0 | 78,7 | 11,5 | 4,9 | 4,9 |
| | Oktober | Anzahl | 105 | 86 | 13 | 4 | 2 |
| | | vH | 100,0 | 81,9 | 12,4 | 3,8 | 1,9 |
| | November | Anzahl | 64 | 56 | 3 | 5 | - |
| | | vH | 100,0 | 87,5 | 4,7 | 7,8 | - |
| | Dezember | Anzahl | 74 | 58 | 14 | 2 | - |
| | | vH | 100,0 | 78,4 | 18,9 | 2,7 | - |
| 1960 | Januar | Anzahl | 62 | 49 | 9 | 4 | - |
| | | vH | 100,0 | 79 | 14,5 | 6,5 | - |
| | Februar | Anzahl | 74 | 63 | 9 | 2 | - |
| | | vH | 100,0 | 85,1 | 12,2 | 2,7 | - |
| | März | Anzahl | 111 | 81 | 24 | 1 | 5 |
| | | vH | 100,0 | 73 | 21,6 | 0,9 | 4,5 |
| | April | Anzahl | 85 | 76 | 8 | 1 | - |
| | | vH | 100,0 | 89,4 | 9,4 | 1,2 | - |
| | Mai | Anzahl | 70 | 58 | 5 | 6 | 1 |
| | | vH | 100,0 | 82,9 | 7,1 | 8,6 | 1,4 |
| | Juni | Anzahl | 52 | 44 | 5 | 1 | 2 |
| | | vH | 100,0 | 84,6 | 9,6 | 1,9 | 3,9 |
| | Juli | Anzahl | 101 | 78 | 16 | 4 | 3 |
| | | vH | 100,0 | 77,2 | 15,8 | 4 | 3 |
| | August | Anzahl | 89 | 74 | 12 | 1 | 2 |
| | | vH | 100,0 | 83,2 | 13,5 | 1,1 | 2,2 |
| | September | Anzahl | 74 | 58 | 13 | 2 | 1 |
| | | vH | 100,0 | 78,4 | 17,6 | 2,7 | 1,3 |

Quelle: Wirtschaftsvereinigung Bauindustrie, Düsseldorf
a) 1. = niedrigstes Angebot
2. = das zweitniedrigste Angebot
3. = das drittniedrigste Angebot
4.u.ff.= das viertniedrigste und die übrigen Angebote

bots = 100) bei den öffentlichen Ausschreibungen bei 102,2 und bei den beschränkten Ausschreibungen bei 100,8[24].

Graphisch dargestellt findet sich (wie auch der AK feststellt) die Mehrzahl der Angebote dicht hintereinander im mittleren Teil der Kurve; nur ein oder wenige Angebote dagegen liegen am oberen und am unteren Ende der Kurve. Gerade die extremen (niedrigsten) Angebote wurden aber 1957 von den Vergabestellen des Bundes in den meisten Fällen bevorzugt. Ob diese in der Mehrzahl den angemessenen Preis verkörpern, muß bezweifelt werden. Wenn es auch gewiß nicht die Regel ist, daß das billigste Angebot von Firmen abgegeben wird, die Unterpreise durch Qualitätsmängel auszugleichen bestrebt sind, so besteht diese Gefahr doch in vielen Fällen. Es kommt noch etwas hinzu: Nach dem Spiel von Angebot und Nachfrage müßten Firmen, die ständig mit Unterpreisen arbeiten, bald aus dem Wettbewerb verschwinden. Das ist im Baugewerbe auch mehr als anderwärts der Fall. Allerdings tauchen die "gleichen Firmen" - mit abgewandelter Unternehmensform - oft nach kurzer Zeit wieder auf; sie bieten wieder mit und kommen auch zum Zuge. Dies ist möglich, weil die Forderungen aus Bauaufträgen im voraus abgetreten und die Aufträge von Banken vorfinanziert werden können. Obwohl das zunehmende Gewicht des Anlagevermögens die Fluktuation im Baugewerbe vermindert, ist diese immer noch sehr groß; jedenfalls sind in der Bundesrepublik noch in den Jahren 1958 und 1959 jeweils 7 bis 8 vH des durchschnittlichen Betriebsbestandes aus dem Produktionsprozeß ausgeschieden oder neu hinzugekommen. In Nordrhein-Westfalen waren es sogar 11 bis 12 vH (vgl. S. 14).

Beeinträchtigt fühlt sich das Baugewerbe ferner durch die Ausschaltung von Lohn- und Materialpreisgleitklauseln bei Abschluß der Bauverträge. Von der Submission bis zum Baubeginn vergehen bei größeren Aufträgen im allgemeinen mehrere Monate. Die Bauarbeiten schließlich können sich von einigen Monaten bis zu 1 Jahr und länger hinziehen. In dieser Zeit zwischen Angebot und Abschluß des Auftrages können sich Löhne und Preise erheblich ändern, und sie ändern sich seit Jahren mit der Tendenz nach oben. Die Bauwirtschaft strebte und strebt aus diesem Grunde Lohn- und Preisgleitklauseln an, wie sie nach der Baupreisverordnung PR Nr. 8/55 vom 19.12.1955 in bestimmten Fällen schon geübt wurden. Nun hat die

---

24. Vgl. Bericht des interministeriellen Arbeitskreises, a.a.O., Seite 32

Empfehlung des Bundeswirtschaftsministers vom 17.1.1957 den Einbau von Vorbehaltsklauseln in den Bauvertrag nahezu ausgeschlossen. So müssen Lohn- und Materialpreiserhöhungen (die vorauszusehen, in ihrer Höhe aber nicht abschätzbar sind) mehr oder weniger spekulativ bei den Angeboten berücksichtigt werden. Das Baugewerbe wendet sich dagegen mit dem Argument, daß gerade die Vorbehaltsklauseln dazu beitragen könnten, echte Kostenpreise herbeizuführen.

Schließlich wendet sich das Baugewerbe gegen den kürzlich im Rahmen der Maßnahmen zur Dämpfung der Konjunktur beschlossenen Abbau der degressiven Abschreibung. Dieser würde nicht nur die Investitionen der gewerblichen Wirtschaft beeinträchtigen, sondern auch die jetzt mehr denn je erforderlichen Investitionen der Bauwirtschaft. Einmal würden viele Betriebe zur Umstellung auf andere Leistungen gezwungen; zum anderen seien die Anlagen schneller als früher technisch veraltet und auch schneller effektiv abgenutzt, was erhöhte Abschreibungen erfordere.

Die Öffentliche Hand beurteilt offensichtlich den Baumarkt allzusehr von ihrem eigenen Standpunkt als Nachfrager aus; sie übersieht bestimmte Faktoren, die der Angebotsseite eigentümlich sind. So erklären sich die starken Gebotsdifferenzen u.a. aus folgenden Tatsachen:

1. Die Zahl der Anbieter und damit die Konkurrenz ist im Baugewerbe seit jeher besonders groß, größer jedenfalls als im Durchschnitt der stationären Industrie. Dem steht jedenfalls in den öffentlichen Nachfragern eine geschlossene Gruppe mit nahezu einheitlichen Vergabemethoden gegenüber.

2. Jedes Bauunternehmen ist nach Kapitalausstattung, personeller Besetzung, Finanzkraft und Liquidität und vor allem nach dem Organisationsvermögen seiner Leiter verschieden. Die Differenzierung ist wesentlich stärker als in der stationären Industrie.

3. Jedes Unternehmen erbringt Leistungen von eigener Qualität. Wenn sich auch Leistungs- oder Qualitätsgruppen bilden lassen, so verbleibt doch eine Differenzierung, die merklich über diejenige anderer Industriezweige hinausgeht.

4. Jedes Bauwerk ist eine individuelle Leistung mit individuellen Risiken (Bodenart, Wettereinflüsse usw.), die von den einzelnen Unternehmen unterschiedlich eingeschätzt werden. Der Wert der Objekte und die Fertigungszeit sind wesentlich höher, die "Stückzahl" dagegen,

die in einem bestimmten Zeitraum hergestellt werden kann, ist im allgemeinen wesentlich geringer als in der stationären Industrie. Außerdem beschränkt sich der "Lieferkatalog" im allgemeinen auf wenige Arten oder nur eine Art von Leistungen.

5. Die Markttransparenz ist in der Bauwirtschaft gering. Da sich die Nachfrager größtenteils der Submission bedienen, kennt der Bauunternehmer jedenfalls zu dieser Zeit nicht die Preise der anderen Anbieter.

6. Mangelnde Übersicht über den Markt zwingt aber zu gesteigerter Werbung - in der Bauindustrie zu zahlreichen Bewerbungen. Während in der stationären Industrie zahlreiche Aufträge "von selber" hereinkommen, muß das Baugewerbe jeden Auftrag hereinholen.

7. Alles das bringt eine starke psychologische Belastung für die Unternehmer mit sich und führt daher oft zu übermäßigen Bemühungen um Aufträge, die in der Hochkonjunktur zu einem Zuviel an Aufträgen führen können und so psychologisch eine neue Belastung bedeuten. Der Kampf um die Aufträge hat im Zuge der Mechanisierung noch erheblich zugenommen.

8. Zur Zeit versuchen viele Baufirmen angesichts des zu erwartenden Rückgangs des Wohnungsbaus im Tiefbau, vor allem im Straßenbau, Fuß zu fassen. Mangel an Erfahrung und der Zwang, durch günstige Angebote zum Zuge zu kommen, tragen zur Verstärkung der Gebotsdifferenzen bei. Nicht exakte Leistungsbeschreibung in den Angebotsunterlagen (Blankette) führen zu falscher Beurteilung der verlangten Leistung, die in auseinanderklaffenden Angeboten ihren Niederschlag findet. Zum Teil sind die großen Differenzen allerdings auch durch die sehr unterschiedlichen Kalkulationsmethoden der Betriebe bedingt.

Was die Gebotsdifferenzen in den einzelnen Sparten angeht, so sind sie bei Spezialleistungen, zum Beispiel im Eisenbahnober- und Brückenbau relativ gering. Noch geringer sind sie im Wohnungsbau, der von allen Bausparten am besten auf Risiken und Kosten zu übersehen ist. Sehr groß sind die Unterschiede im Tief- und Wasserbau. Die Streuung im ganzen reichte nach Angaben der Wirtschaftsvereinigung Bauindustrie Nordrhein-Westfalen[25] im Jahre 1959 in Nordrhein-Westfalen von 5 vH (untere Grenze

25. Vgl.: Geschäftsbericht 1959, S. 51

im Wohnungsbau) bis zu reichlich 115 vH (obere Grenze im sonstigen Tiefbau). Allgemein ist ein Zug zu den größeren Objekten festzustellen; die Bauunternehmen wachsen durch die Mechanisierung in größere Kapazitäten hinein und bemühen sich daher zunehmend um Großaufträge.

Die Baupreise sind in besonderem Maße saisonabhängig. Im Winter, vor allem gegen Jahresschluß, wenn Aufträge fehlen, tendieren die Angebotspreise nach unten. Zu dieser Zeit werden - betriebswirtschaftlich durchaus richtig - von vielen Bauunternehmen Überbrückungsaufträge übernommen, auch wenn diese nicht die Selbstkosten decken. Im Frühjahr steigen - in den letzten Jahren auch durch Lohnerhöhungen bedingt - die Preise. Während der Hochsaison werden im allgemeinen relativ hohe Preise verlangt und in vielen Fällen auch von den Bauherren "genehmigt".

Preiserhöhungen sind in den letzten Jahren vor allem im Hochbau eingetreten. Im Jahresdurchschnitt 1958 lag zum Beispiel der neuberechnete Preisindex für Wohngebäude (insgesamt) um 16 vH und im Jahresdurchschnitt 1959 um 22 vH über dem Stand von 1954. Dabei wirkte sich auch die regionale Beschäftigungslage aus. So stieg 1959 zum Beispiel der Preisindex für Wohngebäude in Nordrhein-Westfalen, wo die gesamte Bautätigkeit in diesem Jahr weniger stark wuchs als im übrigen Bundesgebiet, nur um 3 vH, in der Bundesrepublik aber um reichlich 5 vH. Im Mai 1960 betrug der Index in der BRD 131 (Februar 1960 = 127).

Im Tiefbau haben die Preise in den letzten Jahren nur geringfügig angezogen, oder sie sind sogar konstant geblieben. Nach Angaben des Bundesverkehrsministers sind zum Beispiel die Preise für Straßenbauarbeiten im ganzen seit 1956 (bis Mitte 1960) nicht mehr gestiegen. Erdarbeiten seien um 10 bis 20 vH billiger, Kunstbauten um etwa 6 vH teurer geworden und die Preise für Straßendecken konstant geblieben.

Mit dieser Tendenz verträgt es sich auf den ersten Blick nicht, daß heute die Kosten für einen Kilometer Straße höher sind als früher. Der Grund dafür liegt in der besseren und aufwendigeren Bauweise. Als ein Beispiel sei die Zementvermörtelung angeführt. Außerdem werden Höhenunterschiede im Gelände in weit größerem Umfange ausgeglichen als früher und damit größere Erdbewegungen erforderlich. Kostete ein Kilometer Autobahn 1955 noch 2 bis 2,5 Mill. DM, so 1960 trotz "gleichbleibender" Preise jedoch durchschnittlich 3,5 bis 4 Mill. DM. Freilich konnte in den ersten Jahren nach dem Kriege auch deshalb billiger gebaut werden, weil verschiedene Vorarbeiten bereits in früheren Jahren ausgeführt worden waren.

Der hohe Grad der Mechanisierung ermöglichte im Straßenbau vergleichsweise große Produktivitätsfortschritte und führte darüber hinaus zu einer so starken Ausweitung der Kapazitäten, daß die einzelnen Firmen trotz kräftigen Wachstums der Aufträge relativ niedrige Angebote machen müssen, wenn sie im Rennen bleiben wollen. Erst im Sommer, wenn Vollbeschäftigung herrscht, können für neu hereingekommene Aufträge höhere Preise gefordert werden.

## d) Teilweise Koordinierung der Staatsaufträge

Was die Kontinuität des Bauschaffens betrifft, so setzt jedenfalls die Bauwirtschaft Nordrhein-Westfalens gewisse Hoffnungen auf das Ministerium für Landesplanung, Wohnungsbau und öffentliche Arbeiten, das aus dem Ministerium für Wiederaufbau unter Einbeziehung der Aufgaben und Zuständigkeiten auf dem Gebiete des Verkehrsbaus des Ministeriums für Wirtschaft und Verkehr sowie der Landesplanungsbehörde gebildet wurde. Diese neue Institution geht auf die Wünsche der Bauwirtschaft nach Bildung einer "Obersten Baubehörde"[26] zurück. Sie hat ihre Arbeit am 1. Mai dieses Jahres aufgenommen und ist für alle Bauaufgaben des Landes zuständig, angefangen von der Planung bis zur technischen Ausführung, soweit es um ministerielle Aufgaben geht. Die angestrebte Einbeziehung der Finanzbauverwaltung setzt die Änderung des bestehenden Verwaltungsabkommens mit dem Bund voraus. Verhandlungen in dieser Hinsicht sind inzwischen aufgenommen worden. Dabei wird das Land nicht vom Finanzminister, sondern vom Ministerpräsidenten vertreten, worin ein Indiz für die Ernsthaftigkeit des Bemühens gesehen werden kann. Als frühesten Termin kann man den 1. 1. 1962 betrachten. Wegen seiner engen Verbindung zum Bau- und Planungswesen sowie zur Bodenordnung ist auch das Vermessungswesen aus dem Innenministerium in die neue oberste Landesbehörde überführt worden. Abgesehen vom Talsperrenbau, der ebenfalls ab 1. Mai unter die Zuständigkeit des neuen Ministeriums fällt, werden die Aufgaben des Ministeriums für Landwirtschaft und Forsten nicht von der Neuregelung berührt.

---

26. In der Bundesrepublik gab es bisher nur in Bayern und im Saarland eine Oberste Baubehörde; beide sollen sich sehr gut bewährt haben. Daneben sind bei vielen Arbeitsämtern Koordinierungsausschüsse eingerichtet worden

Durch die neue Einrichtung werden also die wichtigsten Bauaufgaben des staatlichen Hochbaus und des Straßenbaus an einer Stelle zusammengefaßt. Auch für die Sanierung "verbauter" Städte und Dörfer ergeben sich aus der neuen Sachlage günstigere Aspekte als bisher.

Zum gleichen Zeitpunkt hat der Interministerielle Bau- und Koordinierungsausschuß seine Arbeit aufgenommen. Die wichtigste Aufgabe im Hinblick auf den Konjunkturablauf dürfte die Aufstellung eines Bauwirtschaftsplanes für das Land Nordrhein-Westfalen sein. Durch diesen wird eine elastische Etatpolitik angestrebt, die den konjunkturellen Bedürfnissen gerecht werden kann. Von seiten der Bauwirtschaft ist besonders das Streben nach Vereinfachung des Ausschreibungs- und Vergabeverfahrens zu begrüßen. Schließlich sollen Vorschriften erlassen und Richtlinien aufgestellt werden, die einer besseren Verteilung der Aufträge auf die einzelnen Betriebsgrößenklassen dienen und die Regietätigkeit begrenzen.

Es ist zu hoffen, daß die beiden genannten Einrichtungen nicht nur die Markttransparenz auf dem Baumarkt erhöhen, sondern sich auch als ein elastisches konjunkturelles Instrument erweisen werden.

Aber auch sonst bleibt einiges zu tun, wenn die ganzjährige Beschäftigung der Bauwirtschaft erreicht werden, wenn es also nur noch unabdingbare Ausfallzeiten geben soll. Kontinuität des Bauschaffens setzt nicht nur langfristige Baupläne voraus, sondern auch frühzeitige Vergabe der einzelnen Objekte. Diese sollte jeweils schon einige Monate vor Beginn des neuen Baujahres einsetzen, damit die Arbeiten rechtzeitig vorbereitet werden können und bei Beginn des offenen Wetters sofort mit dem Bauen begonnen werden kann.

Besonders stark sind die jahreszeitlichen Ausschläge der Beschäftigung im Tiefbau, vor allem im Straßenbau. Dieser auf der Angebotsseite ganz überwiegend von der Öffentlichen Hand beherrschte Sektor muß infolge seiner betonten Abhängigkeit vom Wetter seit jeher längere Leerlaufzeiten in Kauf nehmen als die übrigen Bausparten. Die inzwischen beschlossene frühzeitige Vergabe von Straßenbauaufträgen (vgl. S. 69 ff.) kommt also einem dringlichen Bedürfnis entgegen; sie bedeutet aber nicht nur Zeitgewinn für die eigentliche Bauarbeit; außerdem können durch sorgfältige Arbeitsvorbereitung Kosten eingespart werden.

Frühzeitiges und systemgerechte Ausschreibung und Vergabe der Bauaufträge setzt allerdings ausreichendes und mit den Problemen der

Bauwirtschaft vertrautes Personal voraus. Dieses muß in der Lage sein, die Ausschreibungen genau und unmißverständlich zu fixieren, wobei einheitliche, besondere Vertragsbedingungen und Ausschreibungsblankette mit entsprechender Aufgliederung der Preise eine wichtige Stütze sein würden.

Auf diese Weise trüge die Öffentliche Hand überdies zur Rationalisierung der Verwaltungsarbeit im Baugewerbe bei; die Kalkulation würde vereinfacht und sicherer gestaltet werden. Die Qualität der Bauleistungen ließe sich im übrigen durch fachgerechte Ausbildung des Nachwuchses sowie durch Heranziehung technisch und betriebswirtschaftlich ausgebildeten Personals wesentlich heben. Ein weiterer Fortschritt wäre es, wenn die Bauunternehmer sich nicht, wie allzu häufig bisher, mit Aufträgen übernehmen würden, vor allem wenn sie sich - langfristig gesehen - auf Aufträge beschränkten, die nach Umfang und Art der personellen und kapitalmäßigen Ausstattung ihrer Betriebe gerecht werden. Dann ließen sich viele Fehlinvestitionen vermeiden. Allerdings zwingt die gegenwärtige Konstellation am Baumarkt viele Firmen zur Umstellung und damit zu weiteren Investitionen; denn angesichts des zu erwartenden Nachlassens des Wohnungsbaus ist häufig ein Überwechseln in andere, bisher nicht oder doch kaum gepflegte Bausparten erforderlich. Mit den Investitionen allein ist es jedoch nicht getan; vielmehr gehört dazu auch, daß sich die Betriebe ingenieurmäßig und betriebswirtschaftlich auf die neuen Aufgaben einstellen.

## 4. Bauwirtschaft ein konjunkturpolitisches Instrument?

Das Baugewerbe hat in der Volkswirtschaft eine Schlüsselstellung inne und ist daher sowohl in der Depression als auch in der Phase der Hochkonjunktur ein vorzügliches wirtschafts- und konjunkturpolitisches Instrument, und zwar um so mehr, als ein wesentlicher Teil der Gesamtnachfrage unmittelbar oder mittelbar von der Öffentlichen Hand bestimmt wird. Vor allem die Anstoßwirkungen, die von einer Intensivierung oder Dämpfung des Hochbaus ausgehen, haben eine weitaus größere Kraft als eine Einflußnahme auf andere Märkte. Die Aktivierung des Wohnungsbaus zum Beispiel erfaßt über die unmittelbare Anregung der Vor- und Zulieferindustrien hinaus wichtige Bereiche der Konsumgüterwirtschaft, zum Beispiel die Möbel-, Hausrat-, Gardinen-, Teppich-, Rundfunk- und Fernsehindustrie und die entsprechenden Zweige des Handwerks und

Handels[27]. Umgekehrt bedeutet Einschränkung des Wohnungsbaus zugleich Drosselung des Absatzes an entsprechenden Konsumgütern. Ähnliche Wirkungen zeitigen - freilich mit anderen Richtungen und zum Teil auch abgeschwächt - konjunkturpolitische Maßnahmen in den übrigen Hochbaubereichen.

Im Tiefbau fehlt der zusätzliche Effekt einer Anregung nachgelagerter Gewerbebereiche, wie auch nur relativ wenig vorgelagerte Grundbaustoffindustrien durch Tiefbauleistungen stimuliert werden. Eine Ankurbelung oder Einschränkung dieses Sektors hat daher längst nicht die konjunkturelle Wirkung wie entsprechende Maßnahmen im Hochbau. Dies gilt um so mehr, als der Tiefbau vergleichsweise stark mechanisiert ist, also auch einkommensmäßig - jedenfalls wenn man die Streuung ins Auge faßt - nicht so stark ausstrahlt. Zumindest in der Hochkonjunktur eignet sich der Tiefbau daher kaum als konjunkturpolitisches Instrument, zumal die produktivitätssteigernde Wirkung von neuen Ingenieurbauwerken des Tiefbaus relativ gering ist. Straßen, Staudämme, Wasserversorgungsanlagen, Brücken usw. sind zwar unentbehrliche Voraussetzungen für Produktion und Verteilung, dienen ihnen aber im allgemeinen nur mittelbar. Hier zu drosseln, würde demnach nur begrenzte konjunkturelle Wirkungen auslösen; es würde - volkswirtschaftlich gesehen - weder eine ins Gewicht fallende Einkommensverminderung noch eine nennenswerte Entlastung des Arbeitsmarktes eintreten. Die gleichen Umstände lassen - jedenfalls auf den ersten Blick - den Tiefbau auch als Ansatzpunkt für eine "Konjunkturspritze" in der Depression als wenig brauchbar erscheinen. In der Tat wird man heute, wie erwähnt, von diesem Sektor keine allzu großen Konjunkturimpulse mehr erwarten dürfen - jedenfalls keine stärkeren als von anderen Produktionsbereichen. Dennoch ist der Tiefbau diesen in

---

27. Der indirekte Folgebedarf des Wohnungsbaus wird von EBEN (Die Bauwirtschaft und ihre Mittelstandsprobleme; in: Bau-Markt, 29. Jg. Nr. 25, vom 18. Juni 1960) auf knapp 60 vH des jährlichen Wohnungsbauvolumens veranschlagt. Hier soll er vorsichtigerweise mit 30 vH angenommen werden. Geht man bei den "sonstigen" Hochbauten von einem durchschnittlichen Ausstattungsbedarf von 10 vH (ohne Ausrüstungen) aus und zieht des weiteren die Vorlieferungen (Baumaschinen, Kraftfahrzeuge und dgl.) mit schätzungsweise 15 vH des gesamten <u>Hochbauvolumens</u> in die Rechnung ein, so betrugen die Hochbauleistungen einschließlich Vor- und Zulieferungen sowie des sogenannten Folgebedarfs, jedoch ohne die Verkehrsleistungen für die Bauwirtschaft, 1959 rund 35 Mrd.DM oder rund 14 vH des gesamten Bruttosozialprodukts

einer Hinsicht überlegen; denn der Bedarf an Tiefbauleistungen ist - jedenfalls zur Zeit - so groß, daß Fehlinvestitionen praktisch ausgeschlossen sind. Dies kann man von keinem anderen Produktionsbereich behaupten.

Nun wird aber der Wohnungsbau, der sich in besonderem Maße als konjunkturpolitisches Medium eignet, mit zunehmender Sättigung des Wohnungsbaubedarfs in absehbarer Zeit stark zurückgehen. Anderseits wird der Wohnungsmarkt aber nach und nach frei werden und damit selbsttätig einen vom allgemeinen Konjunkturablauf mehr oder weniger abweichenden (antizyklischen) Rhythmus annehmen, wie das auch früher der Fall war. Der vorgesehene Abbau der Wohnungsbausubventionierung wird dazu führen, daß der Wohnungsbau wieder stärker vom Kapitalmarkt abhängig[28)] und damit zinsempfindlicher werden wird. Schon in den letzten Jahren hat die Bedeutung der Kapitalmarktmittel für die Wohnungsbaufinanzierung kräftig zugenommen. 1951 entfielen noch 47 vH aller Finanzierungsmittel für Wohnungen auf die Öffentliche Hand gegenüber einem Anteil des Kapitalmarktes von nur 30 vH. Bis 1959 ist der Anteil der öffentlichen Mittel auf 25 vH gesunken, derjenige der Kapitalmarktmittel dagegen auf 50 vH gestiegen.

Diese Abhängigkeiten lösen aber gerade das eigenständige konjunkturelle Verhalten der Bauwirtschaft aus. So beschränkte sich die konjunkturbeeinflussende Wirkung in früheren Zeiten nicht allein auf die Maßnahmen der Öffentlichen Hand; vielmehr trug das Baugewerbe von sich aus -

---

28. Das Baugewerbe ist in zweifacher Hinsicht vom Kapitalmarkt abhängig, einmal durch den eigenen, im Zuge der Mechanisierung stark gestiegenen Kapitalbedarf und zum anderen im Hinblick auf den Kreditbedarf der Bauherren. Hinzu kommt noch das Problem der Zwischenfinanzierung. Anzahlungen für zu leistende Bauarbeiten erhalten die Firmen der Bauindustrie selten. Im allgemeinen leisten die Bauherren oder -träger monatlich eine Abschlagszahlung, für die eine Mindestsumme festgesetzt wird. Alles in allem werden im allgemeinen nur 85 bis 90 vH ausgezahlt. Der Rest wird als Garantiesumme zurückbehalten. Die Schlußrechnung wird häufig erst lange nach der Fertigstellung beglichen. Der Bauunternehmer muß also in der Regel einen beträchtlichen Teil der Bausumme vorlegen. Ist er dazu nicht in der Lage und das ist er in den meisten Fällen nicht, so kann er - auch nach den in der VOB festgelegten Zahlungsbedingungen - einen entsprechenden Bankkredit aufnehmen. Freilich wird die Kreditaufnahme der Betriebe dadurch erschwert, daß vielfach keine oder nur unzureichende Sicherheiten gestellt werden können. Auch eine Beleihung von "Vorräten" ist im allgemeinen ausgeschlossen, da das Produktionsergebnis unmittelbar in das Eigentum des Bauherrn übergeht

freilich ungewollt - zur Stabilisierung der Konjunktur bei, wurden doch in der Depression von zahlreichen Bauunternehmen unter Ausnutzung billiger Kredite eigene Gebäude, und zwar vor allem Mietshäuser, errichtet. In der Hochkonjunktur dagegen kann der Anreiz zum Bau von Wohnhäusern durch Geldwertminderung verstärkt werden.

Anders verhielt und verhält es sich mit dem gewerblichen, vor allem mit dem industriellen Bau; denn die bauliche Investition ist hier immer nur Teil und in den meisten Fällen nicht der entscheidende Teil einer Gesamtinvestition; sie gibt zumeist nicht den Ausschlag für die Investitionsdispositionen der Unternehmer. Konjunkturimpulse durch Belebung dieses Sektors wären also nur durch Subventionierung möglich. Diese verbietet sich aber in der Depression von selbst, da sie zu - in dieser Phase der Konjunktur - unerwünschten Kapazitätsausweitungen führen würde.

Im öffentlichen Hochbau liegen zwar noch gewisse Reserven (Verwaltungsgebäude, Schulen, Krankenhäuser und dgl.). Dennoch ist auf längere Sicht nicht mit einem kräftigen Anstieg der Bautätigkeit auf diesem Sektor zu rechnen. Anders verhält es sich möglicherweise mit den Verteidigungsbauten.

## 5. Aussichten

Es wurde schon erwähnt, daß das Wohnungsdefizit in absehbarer Zeit gedeckt sein und neuer Wohnungsbedarf vermutlich nur in begrenztem Umfang entstehen wird. Wieviel der Wohnungsbaukapazität wird nun aber frei gesetzt werden und welche Aussichten bestehen, diesen Rückgang durch andere Bauaufgaben auszugleichen?

Das sogenannte rechnerische Wohnungsdefizit[29)] liegt gegenwärtig bei 1 Million Wohnungen. Es könnte unter Berücksichtigung der durch Sterbefälle frei werdenden Wohnungen sowie des neu hinzukommenden Bedarfs durch Eheschließungen, Wanderungsgewinn usw. (hierfür werden insgesamt 150 000 bis 200 000 Wohnungen jährlich gerechnet) Ende 1963 beseitigt sein, wobei von einem durchschnittlichen Reinzugang von jährlich 500 000 Wohnungen ausgegangen wird.

---

29. Nach dem Gesetz Summe aller Mehrpersonenhaushaltungen und 50 vH (in Gemeinden mit 100 000 und mehr Einwohnern 60 vH) der Einpersonenhaushaltungen ./. Zahl der vorhandenen Normalwohnungen - ausgedrückt in vH des Bestandes an Normalwohnungen. Bei der Berechnung des Defizits werden jedoch in jedem Fall 50 vH der Einpersonenhaushaltungen eingesetzt

Von 1964 an würden also bei etwa gleichem Wachstum der Bevölkerung und der Haushaltungen jährlich 150 000 bis 200 000 Wohnungen für den Neubedarf zu bauen sein. Hinzu kommt der Ersatzbedarf, d.h. die als Ersatz für abbruchreife und den heutigen Ansprüchen nicht mehr gerecht werdende Wohnungen zu bauenden Einheiten, die mit Einschluß der Sanierung alter, verbauter Stadtviertel und Dorfteile mit 50 000 bis 100 000 jährlich anzusetzen sind. Hinzu sind ferner zu rechnen der Wechslerbedarf (Veränderungen aus sachlichen Gründen) sowie die Wohnungseinheiten, die im Zuge der Wanderungsbewegung "zum regionalen Ausgleich" gebaut werden müssen; dieser Bedarf soll hier ebenfalls auf 50 000 bis 100 000 Wohnungen jährlich geschätzt werden. Insgesamt errechnet sich so für die Jahre nach 1963/64 ein Bedarf von jährlich 300 000 bis 350 000 Wohnungen. Schließlich ist der Reparatur- und Modernisierungsbedarf zu berücksichtigen, der sich im ganzen auf viele Mrd. DM beläuft.

In diesen Größenordnungen dürfte sich in etwa der objektive Wohnungsbedarf bewegen, d.h. der Bedarf, der dem heutigen Stand der Zivilisation angemessen erscheint. Marktwirksam wird jedoch der subjektive Wohnungsbedarf, also die effektive Nachfrage nach Wohnungen sein; diese dürfte sich aber kaum mit dem objektiven Wohnungsbedarf decken.

Die effektive Nachfrage nach Wohnungen wird außer von der allgemeinen Wirtschaftsentwicklung und von den Einkommen vor allem von den Lebens- und Verbrauchsgewohnheiten bestimmt. Man sollte annehmen, daß sich mit wachsendem Einkommen und Lebensstandard der Zug zum eigenen Heim und allgemein zur größeren komfortabeleren Wohnung verstärken werde. Als Beispiel dafür wird oft auf die Vereinigten Staaten von Amerika hingewiesen, wobei freilich übersehen wird, daß die Verhältnisse dort anders liegen als in der Bundesrepublik. Dort ist der Bedarf an Kraftfahrzeugen und anderen technischen Gebrauchs- und Verbrauchsgütern, den wichtigsten Konkurrenzgütern der Wohnungen, in hohem Grade gesättigt. Das ist in der Bundesrepublik, wie überhaupt in Westeuropa, keineswegs der Fall. Vielmehr binden diese Güter und darüber hinaus die Urlaubsreise, Mode und Sport hier ständig wachsende Teile der Einkommen. Wohl zeigt sich, daß breite Volksschichten ein eigenes Heim anstreben und deswegen auf andere Güter verzichten. Auch ist damit zu rechnen, daß mit wachsendem Einkommensniveau die Zahl der Einpersonenhaushaltungen und - in freilich zunächst sehr begrenztem Umfang - der Zweitwohnungen zunehmen wird. Daneben steht aber ein ebenso großer, wenn nicht größerer Teil der Bevölkerung, dem das eigene Auto, die Urlaubsreise usw. wichtiger sind als eine eigene Wohnung oder eine komfortable Mietwohnung. Dies zeigt sich daran, daß praktisch alle Altbauwohnungen, und zwar auch solche mit unzureichenden sanitären Verhältnissen, besetzt sind und bei Räumung durch die bisherigen Inhaber sofort wieder besetzt werden, während selbst mittlere Neubauwohnungen oft erst nach monatelangen Bemühungen belegt werden können. Relativ stark ist auch der "Wettbewerb" um die preisgünstigeren Neubauwohnungen des sozialen Wohnungsbaus, deren Mietpreise bekanntlich an die Kosten gebunden bleiben werden. An dieser Konstellation der Nachfrage wird sich auch von heute auf morgen nichts ändern.

Nun ist aber das Angebot an Altbauwohnungen begrenzt; es gibt deren in der Bundesrepublik noch etwa 9,3 Millionen bei einem Neubauwohnungsbestand (freie und Sozialwohnungen) von rund 5,7 Millionen (Ende 1960). Die Relation zwischen der Zahl der Altbauwohnungen und derjenigen der Neubauwohnungen wird sich in den nächsten Jahren weiter zugunsten der letzteren verschieben - Ende 1963 dürften rund 9 Millionen Altbauwohnungen bereits 7 Millionen Neubauwohnungen gegenüberstehen -, so daß die Frage des Mietpreises für Neubauwohnungen zunehmend an Bedeutung gewinnt. Tendiert aber die Nachfrage im ganzen, wie hier angenommen wird, in gewissem Umfang auf Grund der abnehmenden Zahl der Personen je Haushalt, hauptsächlich jedoch auf Grund der - gegenwärtigen - Abneigung breiter Volksschichten gegen eine als zu groß empfundene finanzielle Belastung durch die Wohnungskosten zu den Altbauwohnungen sowie zu zwar gut ausgestatteten, aber relativ kleinen Neubauwohnungen, so erwiese sich der Trend zur größeren Wohnung, der die gegenwärtige Bauplanung beherrscht, kurzfristig gesehen als verfehlt. Auf lange Sicht dagegen wird aber das "heutige" Wohnungsangebot - weiter wachsende Einkommen vorausgesetzt - vermutlich die entsprechende Nachfrage finden. Mit der Errichtung größerer, gut ausgestatteter Wohnungen ist man also, da diese Generationen überdauern, langfristig gesehen auf dem richtigen Wege.

Der Trend zur größeren Wohnung ist bei den Fertigstellungen der letzten Jahre deutlich zu erkennen. Von 1953 bis 1959 ging der Anteil der Wohnungen mit 1 bis 3 Räumen (einschl. Küche) an den insgesamt fertiggestellten Wohnungen von fast 60 vH auf reichlich 30 vH zurück, während der Anteil der Wohnungen mit 4 Räumen und mehr von reichlich 40 vH auf knapp 70 vH zunahm. Die Zunahme ist bei den Wohnungen mit 5 und mehr Räumen am größten. Die durchschnittliche Wohnfläche je Wohnung hat ebenfalls stark zugenommen.

Angesichts der gegenwärtigen Konstellation der Nachfrage ist es auch zweifelhaft, ob die Reparatur und Modernisierung der Altbauwohnungen in näherer Zukunft den Umfang annehmen werden, den man vielfach erwartet. Solange der Zug zu derartigen Wohnungen anhält, geht von der Nachfrageseite her kein Anreiz dazu aus. Auch die schon vorgenommenen und zu späteren Zeitpunkten möglichen Mieterhöhungen werden - sofern sie nicht zu wirksamen Veränderungen der Nachfrage führen - kaum Abhilfe schaffen. Dies ist vielmehr nur zu erwarten, wenn der Staat seine Aktivität in dieser Hinsicht steigert.

Alles in allem wird man damit zu rechnen haben, daß die Nachfrage nach Wohnungen nach Abdeckung des rechnerischen Wohnungsdefizits günstigstenfalls eben an den - zur Zeit geschätzten - objektiven Wohnungsbedarf herankommen, wahrscheinlich aber geringer sein wird. Das bedeutet, daß die Wohnungsbauleistung 1964/65 zumindest auf knapp drei Fünftel der jetzigen Leistung absinken wird. Regional wird sich das Bild freilich unterschiedlich gestalten. Wohl werden die meisten kreisfreien Städte und Landkreise Anfang 1964 über genügend Wohnungen verfügen; in den dicht besiedelten Industriebezirken und in den meisten Großstädten dürfte der Wohnungsmangel aber immer noch nicht ganz behoben sein.

Der Wohnungsbau ist schon in den letzten Jahren nicht mehr so stark gewachsen wie die Gesamtbautätigkeit. Entscheidend war dabei die kräftige Zunahme des öffentlichen und Verkehrsbaus, der - gemessen am gesamten nominalen Bauvolumen - von 1955 bis 1959 um 75 vH und damit etwa doppelt so stark wuchs wie der Wohnungsbau. Dennoch verzeichnet dieser nach wie vor mit weitem Abstand den höchsten Anteil am Bauvolumen, nämlich (1959) 47 vH gegenüber 30 vH des öffentlichen und Verkehrsbaus und 21 vH des gewerblichen und industriellen Baus. Würde also der Wohnungsbau heute um zwei Fünftel seines Umfanges reduziert, so würde sich die Gesamtbautätigkeit um knapp ein Fünftel vermindern. Indessen ist anzunehmen, daß der Anteil des Wohnungsbaus an der gesamten Bautätigkeit durch den zu erwartenden relativ starken Anstieg des Straßenbaus schon früher zurückgehen wird. Aber selbst wenn man davon ausgeht, daß 1963/64 nur noch 40 vH des Bauvolumens auf den Wohnungsbau entfallen[30], würde die Gesamtbautätigkeit - freilich von einem höheren Niveau als heute - unter den

30. Dieser Anteil würde sich unter sonst gleichen Umständen auch durch eine noch stärkere Betonung des Baus von relativ teuren Einfamilienhäuser nur wenig ändern

oben angeführten Voraussetzungen um rund ein Sechstel nachlassen. Wie stehen die Chancen, diesen Ausfall durch ein Mehr in anderen Bausparten auszugleichen?

Um es vorweg zu sagen, das künftige Bauvolumen läßt sich auf längere Sicht nicht schätzen. Bisher stand der Wohnungsbau - als wichtigste Bausparte - durch langfristige Programme in seiner Größenordnung mehr oder weniger fest. Das wird aber von 1964 an nicht mehr der Fall sein. Langfristige Investitionspläne, wie sie für den Straßenbau, den Talsperrenbau, die Bundespost und andere öffentliche Unternehmungen vorliegen, erstrecken sich auf einen wesentlich geringeren Teil der Gesamtbautätigkeit, womit die Gefahr von Fehlschätzungen naturgemäß größer wird. Man wird also die künftige Entwicklung des Baugeschehens allenfalls tendenziell aufzeigen können und sich in bezug auf die Größenordnung mit Mutmaßungen begnügen müssen. Selbst hierbei muß man aber gewisse Prämissen (z.B. weiterer, wenn auch gedämpfter Anstieg der Gesamtwirtschaft und relativ gleichmäßige Haushaltsgebarung und -ausgaben der Öffentlichen Hand) setzen.

Sicher ist, daß die Bauwirtschaft vor wichtigen neuen Aufgaben steht, die gleichermaßen den gewerblichen wie den öffentlichen Sektor berühren. Der sich ständig beschleunigende technische und wirtschaftliche Fortschritt zwingt Industrie, Handwerk und Handel zu immer rascherer Anpassung. Auf diesem Sektor wird man daher - immer unter der Voraussetzung weiterer gesamtwirtschaftlicher Entfaltung - mit einem Zuwachs rechnen können. Was die Investitionstätigkeit der Industrie angeht, so ist ein Auftrieb auch durch die gegenwärtige Übernachfrage in vielen Sparten zu erwarten; diese erzwingt mehr oder weniger bedeutende Erweiterungsinvestitionen, die in der Regel Bauvorhaben größeren Stils enthalten. Das Schwergewicht der industriellen Investitionen liegt heute jedoch ohne Zweifel auf den Rationalisierungsinvestitionen, in deren Rahmen Bauobjekte nur in begrenztem Maße anfallen. Insoweit spielen diese auch bei der Investitionsplanung eine untergeordnete Rolle. Überhaupt verringert sich im Zuge der starken Mechanisierung, vor allem aber dort, wo die Entwicklung zur Automatisierung drängt, das relative Gewicht der Bauinvestitionen; zwischen den beiden Weltkriegen rechnete man bei Neuanlagen von Produktionsstätten mit Anteilen der Bauinvestitionen an den Gesamtinvestitionen bis zu 50 vH, heute dagegen mit einem durchschnittlichen Anteil von weniger als einem Fünftel.

Im ganzen betrug der Anteil der Bauinvestitionen an den gesamten Anlageinvestitionen im Durchschnitt der Jahre 1925/32 59 vH; seit 1951 dagegen liegt er bei im ganzen steigender Tendenz zwischen 45 und 50 vH. Selbst wenn der gewerbliche und industrielle Bau ungewöhnlich stark, sagen wir um die Hälfte zunehmen würde, so wäre der Effekt relativ gering; das Gesamtbauvolumen würde - nach dem gegenwärtigen Stand - um rund ein Zehntel zunehmen.

Wachsen wird der Bedarf an Bauleistungen mit Sicherheit in den ländlichen Gegenden. Der stark zunehmende Maschinenpark der Landwirtschaft will unter Dach gebracht werden. Silos und andere Lager- und Trocknungsanlagen, Wirtschaftswege und der Bau von Wohn- und Wirtschaftsgebäuden im Rahmen der Sanierung von unwirtschaftlich angelegten Haufendörfern oder der Aussiedlung, die vielfach unzulängliche Wasserversorgung sowie der Bedarf an öffentlichen Einrichtungen, wie Schulen, Kindergärten und Krankenhäuser, bilden ein großes Reservoir an Bauaufgaben. Freilich sind die Landkreise und - gemeinden dabei auf die finanzielle Hilfe des Bundes und der Länder angewiesen.

Nun sind aber die landwirtschaftlichen Bauinvestitionen mit 3 bis 4 vH des gesamten Bauvolumens noch erheblich geringer als die gewerbliche Bautätigkeit; eine noch so starke Ausweitung vermöchte den zu erwartenden Rückgang des Wohnungsbaus auch nicht annähernd auszugleichen.

Ein größerer Beitrag zum Ausgleich ist vom öffentlichen und Verkehrsbau zu erwarten. Sicher ist, daß sich der Straßenbau kräftig beleben wird. 1960 wurde dieser noch durch die verspätete Verabschiedung des Straßenbaufinanzierungsgesetzes sowie durch die Umstellung des Rechnungsjahres auf das Kalenderjahr gehemmt, so daß die im Haushaltsplan des Bundes (und wohl auch der Länder, Gemeinden und Gemeindeverbände) hierfür vorgesehenen Mittel kaum ganz ausgegeben worden sein dürften, ein Versäumnis, das auf Grund der Engpässe bei den Planungsstellen der Öffentlichen Hand nicht wieder aufgeholt werden kann. Immerhin zeigen sich Ansätze für eine Kontinuität des Straßenbaus. Bereits zu Beginn des Herbstes 1960 sind vom Bund Bindungsermächtungen in Höhe von 600 Mill. DM zu Lasten des Rechnungsjahres 1961 erteilt worden. Auf Grund dieses Vorgehens konnte mit den Ausschreibungen und der Vergabe von Aufträgen für das nächste Jahr schon frühzeitig begonnen werden. Laut Straßenbauplan 1960 (Straßenbaufinanzierungsgesetz) werden sich die Ausgaben des Bundes für den Straßenbau von 1 700 Mill. DM im Jahre 1959 auf rund 2 050 Mill. DM

(1960)[31] und weiter auf 2 200 Mill. DM im Jahre 1962 erhöhen. Der zweite Vierjahresplan, der unmittelbar an den ersten anschließen soll, sieht sogar insgesamt 12 Mrd. DM vor, der dritte wird vielleicht 15 Mrd. DM umfassen.

Der Straßenbau insgesamt wird sich freilich kaum in dem Umfang steigern lassen wie derjenige des Bundes; vor allem die Gemeinden, die bis 1957 mehr als die Hälfte des westdeutschen Straßenbaus finanziert haben, werden sich nicht im gleichen Maße engagieren können. Daran werden auch die Zuschüsse des Bundes (sog. Gemeindepfennig) und der Länder für den kommunalen Straßenbau nichts ändern. Nach Ausführungen des Bundesverkehrsministers sollen die Ausgaben der Länder, Kreise und Gemeinden zusammen für den Straßenbau etwa die gleiche Höhe erreichen wie die des Bundes.

Insgesamt sollen in der Bundesrepublik in den nächsten 10 bis 12 Jahren mindestens 65 Mrd. DM für den Straßenbau ausgegeben werden. Für die Jahre des zweiten Vierjahresplanes (1963 bis 1966) ist zum Beispiel mit Ausgaben von durchschnittlich rund 6 Mrd. je Jahr für den Straßenbau zu rechnen. 1958 lag der Aufwand bei 3,8 Mrd. DM, 1959 bei 4,6 Mrd. DM.

Da die Ausgaben unter anderem von dem Aufkommen an Mineralölsteuer abhängen, das sich vermutlich steigern wird, werden die jährlichen Ausgaben auch in Zukunft nicht gleich hoch sein, sondern zunehmen.

Nicht in allen Ländern halten die Ausgaben für den Straßenbau Schritt mit denen des Bundes. In Nordrhein-Westfalen gehen sie jedoch z.Z. schon über die Gesamtmittelzuteilung des Bundes hinaus. Daran soll und wird sich nach der vorhandenen Planung in den nächsten Jahren nichts ändern. Seit 1957 besteht ein 10-Jahresplan. Die benötigten Mittel stehen bereits"fest". Sie werden in jedem Haushalt vordringlich behandelt. Die Gesamtsumme war mit 2 Mrd. DM eingesetzt, sie wird jedoch voraussichtlich 2,2 Mrd. DM betragen. Für 1961 sind rund 347 Mill. DM geplant. Dieser Betrag soll in den nächsten Jahren um jeweils 30 Mill. DM aufgestockt werden.

---

31. Tatsächlich sollen aber nach Angaben aus Fachkreisen für 1960 nur 1 570 Mill. DM Bundesmittel für den Straßenbau zur Verfügung gestanden haben, wovon sich rund 1 200 Mill. DM in Aufträgen für das Straßenbaugewerbe niederschlugen

Alles in allem kann für die nächsten Jahre mit einem kräftigen Anstieg des öffentlichen und Verkehrsbaus gerechnet werden. Bis 1964, also zur Zeit des zu erwartenden Rückgangs des Wohnungsbaus, dürfte freilich der öffentliche Hochbau mit Einschluß der Verteidigungsbauten seinen Höhepunkt erreicht haben. So wird die "Last des Ausgleichs" hauptsächlich auf dem Tief-, vor allem aber auf dem Straßenbau liegen. Ob dieser so stark ausgedehnt werden kann, daß dadurch die im Wohnungsbau erwarteten Umsatzausfälle kompensiert werden, ist zwar fraglich, keinesfalls jedoch unmöglich.

Wenn sich nicht die gewerbliche und industrielle Bautätigkeit oder die Verteidigungsbauten außerordentlich kräftig entfalten sollten, so wird man damit rechnen müssen, daß

1. das nominale Bauvolumen im Jahr 1963 seinen Höchststand erreichen wird und danach im großen und ganzen auf diesem Niveau verharren dürfte,
2. ein Teil der im Wohnungsbau Beschäftigten freigesetzt wird,
3. in den nächsten Jahren ein verschärfter Wettbewerb einsetzen wird, in dessen Verlauf weniger leistungsfähige Betriebe aufgegeben werden müssen.

Zu 1) Der Tiefbau, insbesondere der Straßenbau, der in den nächsten Jahren in den Vordergrund rücken wird, zeigt schon seit Jahren in preislicher Hinsicht eine gewisse Konstanz (vgl. S. 58). Die zu erwartende Verschärfung der Wettbewerbslage auf diesem Sektor wird auch künftig kaum Preiserhöhungen zulassen, wahrscheinlich sogar zu Preissenkungen führen. Der nominale Effekt einer Ausdehnung ist somit im Tiefbau wesentlich geringer als im Hochbau, der freilich in Zukunft ebenfalls unter verschärftem Preisdruck stehen dürfte.

Zu 2) Der Hochbau, namentlich der Wohnungsbau, ist erheblich lohnintensiver als der Tief- und Straßenbau. So entfielen in der Bundesrepublik beispielsweise im Jahr 1958 auf 1 Mill. DM Bausumme im Hoch- und Ingenieurbau 91 Beschäftigte, auf 1 Mill. DM im gesamten Straßenbau dagegen 67 und im Fernstraßenbau sogar nur 20. In dem Maße, wie sich das Schwergewicht von dem einen zum anderen Sektor

T a b e l l e 10

Beschäftigte des Bauhauptgewerbes
je 1 Mill. DM Bausumme
Bundesrepublik und Nordrhein-Westfalen; 1958

| | Beschäftigte Juli 1958 | Umsatz 1958 1 000 DM | Beschäftige je 1 Mill.DM Bausumme 1958 |
|---|---|---|---|
| Bundesrepublik | | | |
| Bauhauptgewerbe insgesamt | 1 367 323 | 17 042 721 | 80,2 |
| davon | | | |
| Hoch-, Tief- und Ingenieurbau | 498 443 | 6 145 776 | 81,1 |
| Hoch- und Ingenieurbau | 449 815 | 4 942 067 | 91,0 |
| Tief- und Ingenieurbau | 93 058 | 1 227 864 | 75,8 |
| Straßenbau | 131 724 | 1 980 464 | 66,5 |
| Nordrhein-Westfalen | | | |
| Bauhauptgewerbe insgesamt | 431 065 | 5 940 559 | 72,6 |
| davon | | | |
| Hoch-, Tief- und Ingenieurbau | 144 484 | 1 951 923 | 74,0 |
| Hoch- und Ingenieurbau | 148 525 | 1 819 832 | 81,6 |
| Tief- und Ingenieurbau | 33 603 | 456 244 | 73,7 |
| Straßenbau | 42 705 | 676 307 | 63,1 |

Berechnet nach Angaben des Statistischen Bundesamtes und des Statistischen Landesamtes Nordrhein-Westfalen

verschiebt, werden somit Arbeitskräfte freigesetzt werden. Außerdem verliert die Bauwirtschaft im Zuge dieser Entwicklung notwendigerweise konjunkturpolitisch an Effizienz.

Zu 3) Der Wohnungsbau vereinigt aber nicht nur die meisten Beschäftigten von allen Bauarten auf sich, sondern ist auch das bevorzugte Tätigkeitsfeld der zahlreichen Kleinbetriebe; rund zwei Drittel aller Betriebe des Bauhauptgewerbes arbeiten hauptsächlich für den Wohnungsbau. Gerade unter den Kleinbetrieben, denen eine Umstellung auf andere Arbeitsgebiete nur schwer oder überhaupt nicht möglich ist, wird die Konkurrenz mit nachlassendem Wohnungsbauvolumen stark zunehmen; in dieser Kategorie wird man auf längere Sicht mit dem Ausscheiden zahlreicher Betriebe rechnen müssen. Die mittleren Betriebe sind in den meisten Fällen sowohl auf Hoch- als auch auf Tiefbauten eingerichtet; hier wird der Rückgang des Betriebsbestandes weniger stark sein, sich die strukturelle Wandlung also in erster Linie durch Verlagerung des Schwergewichtes der Tätigkeit äußern.

Dem mittelständischen Baugewerbe tun darüber hinaus die Verstärkung der Bau-Regiebetriebe und der aus steuerlichen Gründen errichteten Bau-Nebenbetriebe (Tochtergesellschaften) der Großindustrie Abbruch. Beide genießen, da sie praktisch Eigenbetriebe von Auftraggebern sind, erhebliche Wettbewerbsvorteile gegenüber dem (in engerem Sinne) selbständigen Gewerbe. Von der Produktionsseite her müssen die im Wohnungsbau tätigen Klein- und Mittelbetriebe da und dort durch die Forcierung der Montagebauweise Einbußen hinnehmen, die ausnahmslos in den Händen von Großfirmen liegt.

Auch diese Tendenzen zielen schließlich auf eine Verminderung des Betriebsbestandes und damit zur Verlagerung der Gesamttätigkeit von den kleineren zu den größeren Baubetrieben. Ob und inwieweit die Entwicklung zur Konzentration führen wird, ist schwer vorauszusagen. Immerhin ist es denkbar, daß mancher "kleine" Unternehmer mit forschreitender Verschlechterung der Auftragslage in seinem ursprünglichen Arbeitsbereich ein Aufgehen in einem größeren Bauunternehmen der zwangsweisen Preisgabe seines Betriebes vorziehen wird.

Der Drang zum Straßen- und sonstigen Tiefbau ist schon jetzt spürbar. Gemischte Hoch- und Tiefbaubetriebe bemühen sich, mehr Tiefbauaufträge als bisher hereinzuholen. Viele mittlere Betriebe verfügen bereits über einen Teil der erforderlichen Erd- und Straßenbaumaschinen; sie brauchen daher ihren Maschinenpark nur aufzufüllen. Kleinere Betriebe, die bislang nur Hochbauten ausgeführt haben, sind bestrebt, im Tiefbau Fuß zu fassen, obwohl in vielen Fällen die ingenieur- und kapitalmäßigen Voraussetzungen fehlen. Namentlich der hohe Grad der Mechanisierung im Tief- und Straßenbau erweist sich als eine schwer zu nehmende Hürde.

Der wachsende Konkurrenzdruck im Straßen- und Tiefbau wird die Betriebe zu verstärkten Investitionsanstrengungen zwingen. Nach einer Schätzung der Wirtschaftsvereinigung Bauindustrie Nordrhein-Westfalen[32] werden im westdeutschen Bauhauptgewerbe jährlich 150 000 bis 200 000 t neuer Baumaschinen zum Einsatz gelangen müssen, wenn die jetzige Konkurrenzfähigkeit erhalten bleiben soll. Der größere Teil dieser Anschaffungen werde auf Tiefbaumaschinen entfallen.

---

32. Vgl. Wirtschaftsvereinigung Bauindustrie NRW, a.a.O., S. 34

Literaturverzeichnis


Der Bundesminister für Wirtschaft — Bericht des interministeriellen Arbeitskreises "Wettbewerb Bau" über das Problem des Wettbewerbs bei öffentlichen Bauaufträgen. Als Manuskript gedruckt.

EBEN, B. — Die Bauwirtschaft und ihre Mittelstandsprobleme - in "Bau-Markt", Nummer 25, 1958, S. 1127 ff.

Ifo-Institut für Wirtschaftsforschung, München — Statistisches Handbuch der Bauwirtschaft, 1949

LUCADOU, E. von — Struktur und Probleme des Bauhauptgewerbes, Bauverlag GmbH, Wiesbaden - Berlin 1960

Wirtschaftsvereinigung Bauindustrie E.V., Nordrhein-Westfalen — Geschäftsbericht 1959, Düsseldorf 1959

Fünfzig Jahre Rheinisch-Westfälisches Baugewerbe; herausgegeben anläßlich des 50jährigen Bestehens der baugewerblichen Organisationen in Nordrhein-Westfalen von den Baugewerbeverbänden in Nordrhein-Westfalen; Oktober 1954

Geschichte der Handwerksberufe; herausgegeben von H. VOCKE, Band 1, A - K, Waldshut Baden, 1959

## Statistische Reihen zur Entwicklung und Situation des Baumarktes

## Strukturdaten

## Statistische Reihen zur Entwicklung und Situation des Baumarktes

### Strukturdaten:

## Abkürzungen

BRD = Bundesrepublik ohne Saarland und ohne West-Berlin im Normaldruck
Die unterstrichenen Zahlenangaben beziehen sich auf die Bundesrepublik einschließlich Saarland, aber ohne West-Berlin

NRW = Nordrhein-Westfalen

vH = von Hundert

t = Tonne

. = Zahlenangaben nicht möglich

Differenzen bei einzelnen Positionen sind durch Runden von Zahlen entstanden

Strukturtabellen

1 - 35

Zahl der Betriebe, der Beschäftigten absolut und je Betrieb;
Umsatz absolut und je Betrieb
Bundesrepublik und Nordrhein-Westfalen; Juli 1950 und 1959

| | 1950 | | Anteil des Bauhauptgewerbes in NRW an ... der BRD in vH | 1959 | | Anteil des Bauhauptgewerbes in NRW an ... der BRD in vH | Veränderung 1959 gegenüber 1950 in vH | |
|---|---|---|---|---|---|---|---|---|
| | BRD | NRW | | BRD | NRW | | BRD | NRW |
| | | | | a) Zahl der Betriebe | | | | |
| Bauhandwerk u. Bauindustrie | 64 343 | 17 091 | 26,6 | 58 696 | 15 141 | 25,8 | - 8,8 | - 11,4 |
| davon: | | | | | | | | |
| Bauhandwerk | 60 525 | 15 895 | 26,3 | 54 651 | 13 460 | 24,6 | - 9,7 | - 15,3 |
| Bauindustrie | 3 818 | 1 196 | 31,3 | 4 045 | 1 681 | 41,6 | + 5,9 | + 40,6 |
| | | | | b) Zahl der Beschäftigten | | | | |
| Bauhandwerk u. Bauindustrie | 960 882 | 285 642 | 29,7 | 1 409 125 | 426 668 | 30,3 | + 46,6 | + 49,4 |
| davon: | | | | | | | | |
| Bauhandwerk | 633 765 | 181 881 | 28,7 | 943 202 | 265 729 | 28,2 | + 48,8 | + 46,1 |
| Bauindustrie | 327 117 | 103 761 | 31,7 | 465 923 | 160 939 | 34,5 | + 42,4 | + 55,1 |
| | | | | c) Zahl der Beschäftigen je Betrieb | | | | |
| Bauhandwerk u. Bauindustrie | 14,9 | 16,7 | . | 24,0 | 28,2 | . | + 61,1 | + 68,9 |
| davon: | | | | | | | | |
| Bauhandwerk | 10,5 | 11,4 | . | 17,3 | 19,7 | . | + 64,8 | + 72,8 |
| Bauindustrie | 85,7 | 86,8 | . | 115,2 | 95,7 | . | + 34,4 | + 10,3 |
| | | | | d) Umsatz in 1 000 DM | | | | |
| Bauhandwerk u. Bauindustrie | 537 874 | 179 564 | 33,4 | 2 016 002 | 627 873 | 31,1 | + 274,8 | +249,7 |
| davon: | | | | | | | | |
| Bauhandwerk | 332 364 | 107 016 | 32,2 | 1 216 800 | 359 893 | 29,6 | + 266,1 | +236,3 |
| Bauindustrie | 205 510 | 72 548 | 35,3 | 799 202 | 267 980 | 33,5 | + 288,9 | +269,4 |
| | | | | e) Umsatz je Betrieb in DM | | | | |
| Bauhandwerk u. Bauindustrie | 8 399 | 10 506 | . | 34 346 | 41 468 | . | + 308,9 | +294,7 |
| davon: | | | | | | | | |
| Bauhandwerk | 5 491 | 6 733 | . | 22 264 | 26 738 | . | + 305,5 | +297,1 |
| Bauindustrie | 53 826 | 60 659 | . | 197 577 | 159 417 | . | + 267,1 | +162,8 |

Quellen: Statistisches Bundesamt; Statistisches Landesamt Nordrhein-Westfalen

Anteile der einzelnen Bauarten an der Gesamtleistung des Bauhauptgewerbes in vH
Bundesrepublik und Nordrhein-Westfalen; Juli 1957, 1958 und 1959

| Bauart | Arbeitsstunden | | | | | | Umsatz | | | | | |
|---|---|---|---|---|---|---|---|---|---|---|---|---|
| | 1957 | | 1958 | | 1959 | | 1957 | | 1958 | | 1959 | |
| | BRD | NRW | BRD | NRW | BRD | NRW | BRD | NRW | BRD | NRW | BRD | NRW |
| Wohnungsbau | 47,3 | 46,7 | 47,3 | 47,4 | 44,4 | 45,2 | 43,5 | 44,0 | 44,0 | 45,1 | 40,5 | 42,0 |
| Landwirtschaftl. Bau | 4,2 | 1,6 | 4,0 | 1,4 | 4,3 | 1,7 | 2,8 | 1,1 | 2,7 | 1,0 | 3,0 | 1,3 |
| Gewerbl. und industrieller Bau | 19,5 | 25,4 | 18,3 | 24,3 | 18,8 | 23,7 | 22,1 | 27,4 | 20,7 | 26,3 | 20,5 | 25,3 |
| Öffentl. und Verkehrsbau Hochbau | 7,6 | 7,0 | 7,4 | 6,9 | 8,3 | 7,5 | 7,9 | 6,9 | 7,6 | 6,6 | 8,5 | 7,3 |
| Tiefbau | 21,4 | 19,3 | 23,0 | 20,0 | 24,2 | 21,9 | 23,7 | 20,6 | 25,0 | 21,0 | 27,5 | 24,1 |
| Insgesamt | 100 | 100 | 100 | 100 | 100 | 100 | 100 | 100 | 100 | 100 | 100 | 100 |

Quellen: Statistisches Bundesamt; Statistisches Landesamt Nordrhein-Westfalen

Durchschnittliche Zahl der Beschäftigten je Betrieb
Bundesrepublik und Nordrhein-Westfalen;
Juli 1950, 1955 und 1959

| Jahr | Bauhandwerk und Bauindustrie | | Bauhandwerk | | Bauindustrie 1) | |
|---|---|---|---|---|---|---|
| | BRD | NRW | BRD | NRW | BRD | NRW |
| 1950 | 14,9 | 16,7 | 10,5 | 11,4 | 85,7 | 86,7 |
| 1955 | 22,1 | 28,3 | 15,9 | 19,4 | 116,0 | 101,8 |
| 1959 | 24,0 | 28,2 | 17,3 | 19,7 | 115,2 | 95,7 |

Quellen: Statistisches Bundesamt; Statistisches Landesamt Nordrhein-Westfalen

1. Ab 1951 einschließlich Abbruchbetriebe

Betriebe und Beschäftigte des Bauhauptgewerbes nach Gewerbezweigen
Anteile der Bauindustrie am gesamten Bauhauptgewerbe in vH;
Bundesrepublik und Nordrhein-Westfalen: Juli 1959

| Gewerbezweig | Betriebe | | Beschäftigte | | Anteil der Bauindustrie an den gesamten Betrieben | | Anteil der Bauindustrie an den gesamten Beschäftigten | | Anteil des Bauhauptgewerbes in Nordrhein-Westfalen an den ... der Bundesrepublik: Betrieben | Anteil des Bauhauptgewerbes in Nordrhein-Westfalen an den ... der Bundesrepublik: Beschäftigten |
|---|---|---|---|---|---|---|---|---|---|---|
| | Anzahl | | | | vH | | vH | | vH | |
| | BRD | NRW | BRD | NRW | BRD | NRW | BRD | NRW | | |
| Hoch- und Ingenieurbau | 22 143 | 5 737 | 469 524 | 148 540 | 2,7 | 4,2 | 12,8 | 14,8 | 25,9 | 31,6 |
| Tief- und Ingenieurbau | 2 185 | 805 | 91 979 | 33 080 | 44,5 | 50,7 | 71,7 | 82,6 | 36,8 | 36,0 |
| Straßenbau | 2 613 | 893 | 140 033 | 44 462 | 30,0 | 33,1 | 52,6 | 49,7 | 34,2 | 31,8 |
| Hoch-, Tief- und Straßenbau für BRD Ingenieurbau | 6 662 | 1 472 | 512 554 | 138 913 | 18,7 | 30,2 | 47,3 | 55,7 | 22,1 | 27,1 |
| Schornstein-, Feuerungs- und Industrieofenbau | 263 | 107 | 11 266 | 8 718 | 25,9 | 36,4 | 80,4 | 87,8 | 40,7 | 77,4 |
| Isolierbau | 630 | 276 | 16 710 | 7 533 | 24,9 | 29,7 | 69,9 | 77,0 | 43,8 | 45,1 |
| Abbruchgewerbe | 268 | 165 | 2 921 | 1 661 | 71,6 | 95,8 | 71,4 | 90,2 | 61,6 | 56,9 |
| Zimmerei- und Ingenieurholzbau | 12 365 | 1 487 | 67 913 | 10 227 | 0,1 | 0,5 | 0,6 | 2,4 | 12,0 | 15,1 |
| Dachdeckerei | 6 639 | 2 635 | 37 479 | 14 000 | 0,1 | 0,1 | 1,0 | 1,4 | 40,0 | 37,4 |
| Stukkateur- und Verputzergewerbe | 4 928 | 1 546 | 58 746 | 19 534 | 0,1 | 0,1 | 0,3 | 0,2 | 31,4 | 33,3 |
| Insgesamt | 58 696 | 15 141 | 1 409 125 | 426 668 | 6,9 | 11,1 | 33,1 | 37,7 | 25,8 | 30,3 |

Quellen: Statistisches Bundesamt; Statistisches Landesamt Nordrhein-Westfalen

Betriebe und Beschäftigte des Bauhauptgewerbes nach Gewerbezweigen
Bundesrepublik und Nordrhein-Westfalen; 31. Juli 1959

| Gewerbezweig | Betriebe | | | | | | Beschäftigte | | | | | |
|---|---|---|---|---|---|---|---|---|---|---|---|---|
| | insgesamt | | davon | | | | insgesamt | | davon | | | |
| | | | Handwerk | | Industrie | | | | Handwerk | | Industrie | |
| | BRD | NRW | BRD | NRW | BRD | NRW | BRD | NRW | BRD | NRW | BRD | NRW |
| | vH | vH | vH | vH | vH | vH | vH | vH | vH | vH | vH | vH |
| Hoch-, Tief- und Ingenieurbau | 52,8 | 53,0 | 51,6 | 51,4 | 69,6 | 65,0 | 76,2 | 75,1 | 74,9 | 74,2 | 79,1 | 76,7 |
| Straßenbau | 4,4 | 5,9 | 3,3 | 4,4 | 19,4 | 17,6 | 9,9 | 10,4 | 7,0 | 8,4 | 15,8 | 13,7 |
| Schornstein-, Feuerungs- und Industrieofenbau | 0,4 | 0,7 | 0,4 | 0,5 | 1,7 | 2,3 | 0,8 | 2,0 | 0,2 | 0,4 | 1,9 | 4,8 |
| Isolierbau | 1,1 | 1,8 | 0,9 | 1,4 | 3,9 | 4,9 | 1,2 | 1,8 | 0,5 | 0,6 | 2,5 | 3,6 |
| Abbruch | 0,5 | 1,1 | 0,1 | 0,1 | 4,7 | 9,4 | 0,2 | 0,4 | 0,1 | 0,1 | 0,5 | 0,9 |
| Zimmerei und Ingenieurholzbau | 21,1 | 9,8 | 22,6 | 11,0 | 0,4 | 0,5 | 4,8 | 2,4 | 7,2 | 3,8 | 0,1 | 0,2 |
| Dachdeckerei | 11,3 | 17,5 | 12,1 | 19,7 | 0,2 | 0,2 | 2,7 | 3,3 | 3,9 | 5,2 | 0,1 | 0,1 |
| Stukkateur-, Gipser- und Verputzergewerbe | 8,4 | 10,2 | 9,0 | 11,5 | 0,1 | 0,1 | 4,2 | 4,6 | 6,2 | 7,3 | 0,0 | 0,0 |
| Insgesamt | 100 | 100 | 100 | 100 | 100 | 100 | 100 | 100 | 100 | 100 | 100 | 100 |

Quellen: Statistisches Bundesamt; Statistisches Landesamt Nordrhein-Westfalen

Zahl de

Bundesrepublik

| Berufsgruppe | Bauhandwerk und Bauindustrie | | | | | | |
|---|---|---|---|---|---|---|---|
| | 1950 | | 1959 | | Veränderung in vH | | |
| | BRD | NRW | BRD | NRW | BRD | NRW | |
| Tätige Inhaber und Mitinhaber (auch selbständige Handwerker) | 70 735 | 19 262 | 65 741 | 16 861 | - 7,1 | - 12,5 | 66 |
| Kaufmännische, technische Angestellte (einschl. Lehrlinge) | 40 422 | 13 544 | 74 030 | 27 239 | + 83,1 | + 101,1 | 18 |
| Poliere, Schachtmeister und Meister | 21 658 | 8 481 | 27 087 | 10 921 | + 25,1 | + 28,8 | 10 |
| Hilfspoliere, Hilfsschachtmeister und sonstige Hilfsmeister | 44 503 | 18 201 | 61 177 | 19 061 | + 37,5 | + 4,7 | 29 |
| Maurer | 200 923 | 55 776 | 329 220 | 96 810 | + 63,9 | + 73,6 | 150 |
| Zimmerer | 67 501 | 13 176 | 102 521 | 24 617 | + 51,9 | + 86,8 | 48 |
| Übrige Facharbeiter, einschl. Gipser, Putzer usw. | 80 518 | 28 267 | 174 073 | 65 556 | + 116,2 | + 131,9 | 46 |
| Helfer | 91 276 | 31 008 | 187 074 | 57 602 | + 105,0 | + 85,6 | 54 |
| Hilfsarbeiter | 248 888 | 72 978 | 328 699 | 94 407 | + 32,1 | + 29,4 | 130 |
| Gewerbliche Lehrlinge, Umschüler, Anlernlinge und Praktikanten | 94 458 | 24 949 | 59 503 | 13 594 | - 37,0 | - 45,5 | 77 |
| Beschäftigte (einschl. Inhaber) insgesamt | 960 882 | 285 642 | 1 409 125 | 426 668 | + 46,6 | + 49,4 | 63 |
| Zahl der Betriebe | 64 343 | 17 091 | 58 696 | 15 141 | - 8,8 | - 11,4 | 60 |

Quellen: Statistisches Bundesamt; Statistisches Landesamt Nordrhein-Westfalen

ch Berufsgruppen
falen; Juli 1950 und 1959

| Bauhandwerk | | | | Bauindustrie | | | | | |
|---|---|---|---|---|---|---|---|---|---|
| 1959 | | Veränderung in vH | | 1950 | | 1959 | | Veränderung in vH | |
| BRD | NRW | BRD | NRW | BRD | NRW | BRD | NRW | BRD | NRW |
| 2 116 | 15 404 | - 6,5 | - 14,1 | 4 286 | 1 327 | 3 625 | 1 457 | - 15,4 | + 9,8 |
| 4 001 | 11 478 | + 81,4 | + 91,0 | 21 674 | 7 534 | 40 029 | 15 761 | + 84,7 | + 109,2 |
| 3 095 | 5 296 | + 24,5 | + 27,3 | 11 142 | 4 321 | 13 992 | 5 625 | + 25,6 | + 30,2 |
| 8 659 | 11 545 | + 32,3 | - 4,2 | 15 272 | 6 157 | 22 518 | 7 516 | + 47,4 | + 22,1 |
| 0 159 | 76 671 | + 79,2 | + 90,4 | 50 128 | 15 502 | 59 061 | 20 139 | + 17,8 | + 29,9 |
| 4 833 | 13 516 | + 32,9 | + 64,6 | 18 708 | 4 965 | 37 688 | 11 101 | + 101,5 | + 123,6 |
| 2 902 | 35 589 | + 120,9 | + 108,2 | 33 931 | 11 175 | 71 171 | 29 967 | + 109,8 | + 168,2 |
| 8 602 | 33 875 | + 117,9 | + 85,4 | 36 847 | 12 741 | 68 472 | 23 727 | + 85,8 | + 86,2 |
| 3 601 | 51 690 | + 44,7 | + 34,0 | 118 576 | 34 415 | 140 098 | 42 717 | + 18,2 | + 24,1 |
| 0 234 | 10 665 | - 35,5 | - 44,8 | 16 553 | 5 624 | 9 269 | 2 929 | - 44,0 | - 47,9 |
| 3 202 | 265 729 | + 48,1 | + 46,1 | 327 117 | 103 761 | 465 923 | 160 939 | + 42,4 | + 55,1 |
| 4 651 | 13 460 | - 9,7 | - 15,3 | 3 818 | 1 196 | 4 045 | 1 681 | + 5,9 | + 40,6 |

Anteile der einzelnen Berufsgruppen an der Gesamtbeschäftigtenzahl in vH

Bundesrepublik und Nordrhein-Westfalen; Juli 1950 und 1959

| Berufsgruppe | Bauhandwerk und Bauindustrie | | | | Bauhandwerk | | | | Bauindustrie | | | |
|---|---|---|---|---|---|---|---|---|---|---|---|---|
| | 1950 | | 1959 | | 1950 | | 1959 | | 1950 | | 1959 | |
| | BRD | NRW | BRD | NRW | BRD | NRW | BRD | NRW | BRD | NRW | BRD | NRW |
| Tätige Inhaber und Mitinhaber (auch selbständige Handwerker) | 7,4 | 6,7 | 4,7 | 3,9 | 10,5 | 9,9 | 6,6 | 5,8 | 1,3 | 1,3 | 0,8 | 0,9 |
| Kaufmännische, technische Angestellte (einschl. Lehrlinge) | 4,2 | 4,7 | 5,3 | 6,4 | 2,9 | 3,3 | 3,6 | 4,3 | 6,6 | 7,2 | 8,6 | 9,8 |
| Poliere, Schachtmeister und Meister | 2,3 | 3,0 | 1,9 | 2,6 | 1,7 | 2,3 | 1,4 | 2,0 | 3,4 | 4,2 | 3,0 | 3,5 |
| Hilfspoliere, Hilfsschachtmeister und sonstige Hilfsmeister | 4,6 | 6,4 | 4,3 | 4,5 | 4,6 | 6,6 | 4,1 | 4,4 | 4,7 | 5,9 | 4,8 | 4,7 |
| Maurer | 20,9 | 19,5 | 23,3 | 22,7 | 23,8 | 22,2 | 28,6 | 28,8 | 15,3 | 14,9 | 12,7 | 12,5 |
| Zimmerer | 7,0 | 4,6 | 7,3 | 5,8 | 7,7 | 4,5 | 6,9 | 5,1 | 5,7 | 4,8 | 8,1 | 6,9 |
| Übrige Facharbeiter, einschl. Dachdecker, Gipser, Putzer usw. | 8,4 | 9,9 | 12,4 | 15,3 | 7,3 | 9,4 | 10,9 | 13,4 | 10,4 | 10,8 | 15,3 | 18,6 |
| Helfer | 9,5 | 10,9 | 13,3 | 13,5 | 8,6 | 10,0 | 12,6 | 12,8 | 11,3 | 12,3 | 14,7 | 14,7 |
| Hilfsarbeiter | 25,9 | 25,6 | 23,3 | 22,1 | 20,6 | 21,2 | 20,0 | 19,4 | 36,2 | 33,2 | 30,0 | 26,6 |
| Gewerbliche Lehrlinge, Umschüler, Anlernlinge und Praktikanten | 9,8 | 8,7 | 4,2 | 3,2 | 12,3 | 10,6 | 5,3 | 4,0 | 5,1 | 5,4 | 2,0 | 1,8 |
| Beschäftigte (einschl. Inhaber) insgesamt | 100 | 100 | 100 | 100 | 100 | 100 | 100 | 100 | 100 | 100 | 100 | 100 |

Quellen: Statistisches Bundesamt; Statistisches Landesamt Nordrhein-Westfalen

Anteile des Bauhandwerks und der Bauindustrie Nordrhein-Westfalens an den Beschäftigten des Bauhauptgewerbes der Bundesrepublik in vH

Gliederung nach Berufsgruppen; Juli 1950 und 1959

| Berufsgruppe | Bauhandwerk und Bauindustrie | | Bauhandwerk | | Bauindustrie | |
|---|---|---|---|---|---|---|
| | 1950 | 1959 | 1950 | 1959 | 1950 | 1959 |
| Tätige Inhaber und Mitinhaber (auch selbständige Handwerker) | 27,3 | 25,6 | 27,0 | 24,8 | 31,0 | 40,2 |
| Kaufmännische, technische Angestellte (einschl.Lehrlinge) | 33,5 | 36,8 | 32,1 | 33,8 | 34,8 | 39,4 |
| Poliere, Schachtmeister und Meister | 39,2 | 40,3 | 39,6 | 40,4 | 38,8 | 40,2 |
| Hilfspoliere, Hilfsschachtmeister und sonstige Hilfsmeister | 40,9 | 31,2 | 41,2 | 29,9 | 40,3 | 33,4 |
| Maurer | 27,8 | 29,4 | 26,7 | 28,7 | 30,9 | 34,1 |
| Zimmerer | 19,5 | 24,0 | 16,8 | 20,8 | 26,5 | 29,5 |
| Übrige Facharbeiter, einschl.Gipser,Putzer etc. | 35,1 | 37,7 | 36,9 | 34,6 | 32,9 | 42,1 |
| Helfer | 34,0 | 30,8 | 33,6 | 28,6 | 34,6 | 34,7 |
| Hilfsarbeiter | 29,3 | 28,7 | 29,6 | 27,4 | 29,0 | 30,5 |
| Gewerbl.Lehrlinge, Umschüler, Anlernlinge und Praktikanten | 26,4 | 22,8 | 24,8 | 21,2 | 34,0 | 31,6 |
| Beschäftigte (einschl. Inhaber) insgesamt | 29,7 | 30,3 | 28,7 | 28,2 | 31,7 | 34,5 |
| Zahl der Betriebe | 26,6 | 25,8 | 26,3 | 24,6 | 31,3 | 41,6 |

Quellen: Statistisches Bundesamt; Statistisches Landesamt Nordrhein-Westfalen

Anteile Nordrhein-Westfalens an den Betrieben und den Beschäftigten des Bauhauptgewerbes der Bundesrepublik in vH
Gliederung nach Betriebsgrößenklassen
Juli 1950 und 1959

| Betriebe mit... Beschäftigten | Zahl der Betriebe | | Zahl der Beschäftigten | |
|---|---|---|---|---|
| | 1950 | 1959 | 1950 | 1959 |
| 1 bis 9 | 21,2 | 56,5 | 26,7 | 56,7 |
| 10 bis 19 | 36,1 | 50,8 | 37,2 | 50,4 |
| 20 bis 49 | 35,6 | 45,2 | 35,9 | 42,5 |
| 50 bis 99 | 32,4 | 37,3 | 32,6 | 36,9 |
| 100 und mehr | 30,9 | 33,7 | 30,9 | 33,2 |
| insgesamt | 31,3 | 41,6 | 31,7 | 34,5 |

Quellen: Statistisches Bundesamt; Statistisches Landesamt Nordrhein-Westfalen

Vom Bauhauptgewerbe geleistete Arbeitsstunden nach Bauarten
Bundesrepublik und Nordrhein-Westfalen; Juli 1950 und 1959

| | Wohnungsbau | | Landwirtschaftl. Bau | | Gewerbl. und industrieller Bau | | Öffentlicher und Verkehrsbau | | Insgesamt[1] | |
|---|---|---|---|---|---|---|---|---|---|---|
| | BRD | NRW | BRD | NRW | BRD | NRW | BRD | NRW | BRD | NRW |
| **a) Grundzahlen in 1 000 Stunden** | | | | | | | | | | |
| Bauindustrie u. Bauhandwerk | | | | | | | | | | |
| Juli 1950 | 79 662 | 24 501 | 10 427 | 1 539 | 34 884 | 12 691 | 40 822 | 12 249 | 165 795 | 50 980 |
| Juli 1959 | 109 175 | 33 216 | 10 490 | 1 262 | 46 313 | 17 419 | 79 945 | 21 635 | 245 923 | 73 532 |
| Veränderung 1959 gegenüber 1950 in vH | + 37,0 | + 35,6 | + 0,6 | - 18,0 | + 32,8 | + 37,3 | + 95,8 | + 76,6 | + 48,3 | + 44,2 |
| Bauindustrie Juli 1950 | 16 433 | 5 194 | 1 081 | 178 | 17 887 | 6 959 | 22 381 | 6 279 | 57 782 | 18 610 |
| Juli 1959 | 13 024 | 4 636 | 483 | 116 | 25 181 | 11 493 | 44 401 | 12 068 | 83 089 | 28 313 |
| Veränderung 1959 gegenüber 1950 in vH | - 20,7 | - 10,7 | - 55,3 | - 34,8 | + 40,8 | + 65,2 | + 98,4 | + 92,2 | + 43,8 | + 52,1 |
| Bauhandwerk | | | | | | | | | | |
| Juli 1950 | 63 229 | 19 307 | 9 346 | 1 361 | 16 997 | 5 732 | 18 441 | 5 970 | 108 013 | 32 370 |
| Juli 1959 | 96 151 | 28 580 | 10 007 | 1 146 | 21 132 | 5 926 | 35 544 | 9 567 | 162 834 | 45 219 |
| Veränderung 1959 gegenüber 1950 in vH | + 52,1 | + 48,0 | + 7,1 | - 15,8 | + 24,3 | + 3,4 | + 92,7 | + 60,3 | + 50,8 | + 39,7 |
| **b) Anteile der Bauarten in vH der insgesamt geleisteten Arbeitsstunden** | | | | | | | | | | |
| Bauindustrie u. Bauhandwerk | | | | | | | | | | |
| Juli 1950 | 48,1 | 48,1 | 6,3 | 3,0 | 21,0 | 24,9 | 24,6 | 24,0 | 100 | 100 |
| Juli 1959 | 44,4 | 45,2 | 4,3 | 1,7 | 18,8 | 23,7 | 32,5 | 29,4 | 100 | 100 |
| Bauindustrie | | | | | | | | | | |
| Juli 1950 | 28,4 | 27,9 | 1,9 | 1,0 | 31,0 | 37,4 | 38,7 | 33,7 | 100 | 100 |
| Juli 1959 | 15,7 | 16,4 | 0,6 | 0,4 | 30,3 | 40,6 | 53,4 | 42,6 | 100 | 100 |
| Bauhandwerk | | | | | | | | | | |
| Juli 1950 | 58,5 | 59,6 | 8,7 | 4,2 | 15,7 | 17,7 | 17,1 | 18,5 | 100 | 100 |
| Juli 1959 | 59,1 | 63,2 | 6,1 | 2,5 | 13,0 | 13,1 | 21,8 | 21,2 | 100 | 100 |

Quellen: Statistisches Bundesamt; Statistisches Landesamt Nordrhein-Westfalen

1. Ohne Trümmerbeseitigung und Abbruch

Anteile der Bauindustrie und des Bauhandwerks an den vom Bauhauptgewerbe insgesamt geleisteten Arbeitsstunden in vH
Bundesrepublik und Nordrhein-Westfalen
Juli 1950 und 1959

| | Wohnungsbau | | Landwirtschaftl. Bau | | Gewerbl. und industrieller Bau | | Öffentl. und Verkehrsbau | | Bauleistung insgesamt[1] | |
|---|---|---|---|---|---|---|---|---|---|---|
| | BRD | NRW | BRD | NRW | BRD | NRW | BRD | NRW | BRD | NRW |
| Bauindustrie | | | | | | | | | | |
| Juli 1950 | 20,7 | 21,2 | 10,6 | 11,6 | 51,3 | 54,8 | 54,9 | 51,3 | 34,9 | 36,5 |
| Juli 1959 | 13,0 | 14,0 | 7,1 | 9,2 | 60,5 | 66,0 | 60,5 | 55,8 | 39,6 | 38,5 |
| Bauhandwerk | | | | | | | | | | |
| Juli 1950 | 79,3 | 78,8 | 89,4 | 88,4 | 48,7 | 45,2 | 45,1 | 48,7 | 65,1 | 63,5 |
| Juli 1959 | 87,1 | 86,0 | 92,9 | 90,8 | 39,5 | 34,0 | 39,5 | 44,2 | 60,4 | 61,5 |

Quellen: Statistisches Bundesamt; Statistisches Landesamt Nordrhein-Westfalen

1. Ohne Trümmerbeseitigung und Abbruch

Anteile Nordrhein-Westfalens an den vom Bauhauptgewerbe in der Bundesrepublik geleisteten Arbeitsstunden in vH

Juli 1950 und 1959

| | Wohnungsbau | Landwirtschaftl. Bau | Gewerblicher u.industrieller Bau | Öffentlicher und Verkehrsbau | Bauleistung insgesamt[1] |
|---|---|---|---|---|---|
| Bauindustrie und Bauhandwerk | | | | | |
| Juli 1950 | 30,8 | 14,8 | 36,4 | 30,0 | 30,7 |
| Juli 1959 | 30,4 | 12,0 | 37,6 | 27,1 | 29,9 |
| Bauindustrie | | | | | |
| Juli 1950 | 31,6 | 16,5 | 38,9 | 28,1 | 32,2 |
| Juli 1959 | 35,6 | 24,0 | 45,6 | 27,2 | 34,1 |
| Bauhandwerk | | | | | |
| Juli 1950 | 30,5 | 14,6 | 33,7 | 32,4 | 30,0 |
| Juli 1959 | 29,7 | 11,5 | 28,0 | 26,9 | 27,8 |

Quellen: Statistisches Bundesamt; Statistisches Landesamt Nordrhein-Westfalen

1. Ohne Trümmerbeseitigung und Abbruch

Anteile Nordrhein-Westfalens an den vom Bauhauptgewerbe in der Bundesrepublik geleisteten Arbeitsstunden und an den Umsätzen in vH
1957, 1958 und 1959

| Bauarten | Arbeitsstunden | | | Umsatz | | |
|---|---|---|---|---|---|---|
| | Juli | | | Juli | | |
| | 1957 | 1958 | 1959 | 1957 | 1958 | 1959 |
| Wohnungsbau | 31,7 | 31,6 | 30,4 | 36,1 | 35,5 | 32,3 |
| Landwirtschaftl. Bau | 12,4 | 11,0 | 12,0 | 13,6 | 12,8 | 13,4 |
| Gewerblicher und industrieller Bau | 42,0 | 41,7 | 37,6 | 44,2 | 44,1 | 38,4 |
| Öffentlicher und Verkehrsbau | | | | | | |
| Hochbau | 29,8 | 29,2 | 27,0 | 31,0 | 29,9 | 26,7 |
| Tiefbau | 29,0 | 27,5 | 27,1 | 31,2 | 29,1 | 27,3 |
| Insgesamt | 32,2 | 31,5 | 29,9 | 35,7 | 34,6 | 31,1 |

Quellen: Statistisches Bundesamt; Statistisches Landesamt Nordrhein-Westfalen

Jahresumsätze des Bauhauptgewerbes in der Bundesrepublik und in Nordrhein-Westfalen 1950 und 1958

**a) Grundzahlen in 1 000 DM**

| | 1950 | | 1958 | |
|---|---|---|---|---|
| | BRD | NRW | BRD | NRW |
| Bauhandwerk und Bauindustrie | 5 960 704 | 2 044 538 | 17 042 721 | 5 940 559 |
| davon | | | | |
| Bauhandwerk | 3 615 119 | 1 187 016 | 10 363 961 | 3 334 268 |
| Bauindustrie | 2 345 585 | 857 522 | 6 678 760 | 2 606 291 |

**b) Veränderung 1958 gegenüber 1950 in vH**

| | BRD | NRW |
|---|---|---|
| Bauhandwerk und Bauindustrie | + 185,9 | + 190,6 |
| davon | | |
| Bauhandwerk | + 186,7 | + 180,9 |
| Bauindustrie | + 184,7 | + 203,9 |

**c) Anteil von Bauhandwerk und Bauindustrie am Gesamtumsatz in vH**

| | 1950 | | 1958 | |
|---|---|---|---|---|
| | BRD | NRW | BRD | NRW |
| Bauhandwerk und Bauindustrie | 100 | 100 | 100 | 100 |
| davon | | | | |
| Bauhandwerk | 60,6 | 58,1 | 60,8 | 56,1 |
| Bauindustrie | 39,4 | 41,9 | 39,2 | 43,9 |

**d) Anteile Nordrhein-Westfalens an der Bundesrepublik in vH**

| | 1950 | 1958 |
|---|---|---|
| Bauhandwerk und Bauindustrie | 34,3 | 34,9 |
| davon | | |
| Bauhandwerk | 32,8 | 32,2 |
| Bauindustrie | 36,6 | 39,0 |

Quellen: Statistisches Bundesamt; Statistisches Landesamt Nordrhein-Westfalen

Umsatz des Bauhauptgewerbes nach Bauarten

Nordrhein-Westfalen; Juli 1953 und 1959

| | Wohnungsbau | Landwirtschaftl. Bau | Gewerbl. u. industrieller Bau | Öffentl. und Verkehrsbau | Umsatz insgesamt |
|---|---|---|---|---|---|
| | 1 000 DM | | | | |
| Bauhandwerk und Bauindustrie: | | | | | |
| Juli 1953 | 166 956 | 4 196 | 88 498 | 96 284 | 355 934 |
| Juli 1959 | 263 828 | 8 150 | 158 968 | 196 927 | 627 873 |
| Zunahme 1959 gegenüber 1953 in vH | + 58,0 | + 94,2 | + 79,6 | + 104,5 | + 76,4 |
| Bauhandwerk: | | | | | |
| Juli 1953 | 133 744 | 3 711 | 27 455 | 42 957 | 207 867 |
| Juli 1959 | 226 236 | 7 066 | 46 915 | 79 676 | 359 893 |
| Zunahme 1959 gegenüber 1953 in vH | + 69,2 | + 90,4 | + 70,9 | + 85,5 | + 73,7 |
| Bauindustrie: | | | | | |
| Juli 1953 | 33 212 | 485 | 61 043 | 53 327 | 148 067 |
| Juli 1959 | 37 592 | 1 084 | 112 053 | 117 251 | 267 980 |
| Zunahme 1959 gegenüber 1953 in vH | + 13,2 | + 123,5 | + 83,6 | + 119,9 | + 81,0 |

Quelle: Statistisches Landesamt Nordrhein-Westfalen

Anteile der einzelnen Bauarten am Gesamtumsatz des Bauhauptgewerbes Bundesrepublik[1] und Nordrhein-Westfalen; Juli 1953 und 1959

| | Wohnungsbau | | Landwirtschaftl. Bau | | Gewerbl. u. industrieller Bau | | Öffentl. und Verkehrsbau | | Umsatz insgesamt | |
|---|---|---|---|---|---|---|---|---|---|---|
| | BRD | NRW | BRD | NRW | BRD | NRW | BRD | NRW | BRD | NRW |
| Bauindustrie und Bauhandwerk | | | | | | | | | | |
| Juli 1953 | 44,8 | 46,9 | 2,9 | 1,2 | 20,1 | 24,9 | 32,2 | 27,0 | 100 | 100 |
| Juli 1959 | 40,5 | 42,0 | 3,0 | 1,3 | 20,5 | 25,3 | 36,0 | 31,4 | 100 | 100 |
| Bauindustrie | | | | | | | | | | |
| Juli 1953 | 21,9 | 22,5 | 0,8 | 0,3 | 29,9 | 41,2 | 47,4 | 36,0 | 100 | 100 |
| Juli 1959 | 13,2 | 14,0 | 0,6 | 0,4 | 31,3 | 41,8 | 54,9 | 43,8 | 100 | 100 |
| Bauhandwerk | | | | | | | | | | |
| Juli 1953 | 60,9 | 64,3 | 4,4 | 1,8 | 13,3 | 13,2 | 21,4 | 20,7 | 100 | 100 |
| Juli 1959 | 58,4 | 62,9 | 4,6 | 2,0 | 13,4 | 13,0 | 23,6 | 22,1 | 100 | 100 |

Quellen: Statistisches Bundesamt; Statistisches Landesamt Nordrhein-Westfalen

1. Juli 1953 ohne Bayern

**Anteile der Bauindustrie und des Bauhandwerks an dem vom Bauhauptgewerbe insgesamt erzielten Umsatz in vH Bundesrepublik[1] und Nordrhein-Westfalen Juli 1953 und 1959**

| | Wohnungsbau | | Landwirtschaftl. Bau | | Gewerbl. und industrieller Bau | | Öffentl. und Verkehrsbau | | Umsatz insgesamt | |
|---|---|---|---|---|---|---|---|---|---|---|
| | BRD | NRW | BRD | NRW | BRD | NRW | BRD | NRW | BRD | NRW |
| Bauindustrie | | | | | | | | | | |
| Juli 1953 | 20,21 | 19,89 | 11,13 | 11,56 | 61,31 | 68,98 | 60,88 | 55,39 | 40,57 | 41,60 |
| Juli 1959 | 12,94 | 14,25 | 7,12 | 13,30 | 60,53 | 70,49 | 60,48 | 59,54 | 39,64 | 42,68 |
| Bauhandwerk | | | | | | | | | | |
| Juli 1953 | 79,79 | 80,11 | 88,87 | 88,44 | 38,69 | 31,02 | 39,12 | 44,61 | 59,43 | 58,40 |
| Juli 1959 | 87,06 | 85,75 | 92,88 | 86,70 | 39,47 | 29,51 | 39,52 | 40,46 | 60,36 | 57,32 |

Quellen: Statistisches Bundesamt; Statistisches Landesamt Nordrhein-Westfalen

1. Juli 1953 ohne Bayern

Löhne und Gehälter des Bauhauptgewerbes in vH des Umsatzes
Bundesrepublik und Nordrhein-Westfalen; Juli 1950 und 1959

| | Löhne und Gehälter | | vH des Umsatzes | | Löhne und Gehälter | | vH des Umsatzes | |
|---|---|---|---|---|---|---|---|---|
| | 1950 | | | | 1959 | | | |
| | BRD | NRW | BRD | NRW | BRD | NRW | BRD | NRW |
| a) Grundzahlen | | | | | | | | |
| Bauhandwerk u.Bauindustrie | 216 698 | 70 059 | 40,3 | 39,0 | 684 783 | 224 033 | 34,0 | 35,7 |
| davon | | | | | | | | |
| Bauhandwerk | 129 735 | 40 867 | 39,0 | 38,2 | 425 606 | 130 916 | 35,0 | 36,4 |
| Bauindustrie | 86 963 | 29 192 | 42,3 | 40,2 | 259 177 | 93 117 | 32,4 | 34,8 |
| b) Anteile Nordrhein-Westfalens an Bundesrepublik in vH | | | | | | | | |
| Bauhandwerk u.Bauindustrie | 32,3 | | - | | 32,7 | | - | |
| davon | | | | | | | | |
| Bauhandwerk | 31,5 | | - | | 30,8 | | - | |
| Bauindustrie | 33,6 | | - | | 35,9 | | - | |

Quellen: Statistisches Bundesamt; Statistisches Landesamt Nordrhein-Westfalen

Ausstehende Forderungen und Umsatz des Bauhauptgewerbes
Bundesrepublik und Nordrhein-Westfalen; 1950 und 1959

| | Ausstehende Forderungen | | | | Veränderung 1959 gegenüber 1950 in vH | | Umsatz | | | | Veränderung 1959 gegenüber 1950 in vH | |
|---|---|---|---|---|---|---|---|---|---|---|---|---|
| | 31. Juli | | | | | | Juli | | | | | |
| | 1950 | | 1959 | | | | 1950 | | 1959 | | | |
| **a) Grundzahlen in 1 000 DM** | | | | | | | | | | | | |
| | BRD | NRW | BRD | NRW | BRD | NRW | BRD | NRW | BRD | NRW | BRD | NRW |
| Bauhandwerk und Bauindustrie | 498 575 | 152 304 | 1 509 876 | 503 505 | + 203 | + 231 | 537 874 | 179 564 | 2 016 002 | 627 873 | + 275 | + 250 |
| davon: Bauhandwerk | 185 375 | 95 383 | 1 005 075 | 306 111 | + 442 | + 221 | 332 364 | 107 016 | 1 216 800 | 359 893 | + 266 | + 236 |
| Bauindustrie | 313 200 | 56 921 | 504 801 | 197 394 | + 61 | + 247 | 205 510 | 72 548 | 799 202 | 267 980 | + 289 | + 269 |
| **b) Anteile von Bauhandwerk und Bauindustrie in vH** | | | | | | | | | | | | |
| | BRD | NRW | BRD | NRW | | | BRD | NRW | BRD | NRW | | |
| Bauhandwerk und Bauindustrie | 100 | 100 | 100 | 100 | - | - | 100 | 100 | 100 | 100 | - | - |
| davon Bauhandwerk | 37,2 | 62,6 | 66,6 | 60,8 | - | - | 61,8 | 59,6 | 60,4 | 57,3 | - | - |
| Bauindustrie | 62,8 | 37,4 | 33,4 | 39,2 | - | - | 38,2 | 40,4 | 39,6 | 42,7 | - | - |
| **c) Anteile Nordrhein-Westfalens an der Bundesrepublik in vH** | | | | | | | | | | | | |
| Bauhandwerk und Bauindustrie | 30,5 | | 33,3 | | - | | 33,4 | | 31,1 | | - | |
| davon Bauhandwerk | 51,5 | | 30,5 | | - | | 32,2 | | 29,6 | | - | |
| Bauindustrie | 18,2 | | 39,1 | | - | | 35,3 | | 33,5 | | - | |

**d) Ausstehende Forderungen in vH des Umsatzes**

| | 31. Juli | | | |
|---|---|---|---|---|
| | 1950 | | 1959 | |
| | BRD | NRW | BRD | NRW |
| Bauhandwerk und Bauindustrie | 92,7 | 84,8 | 74,9 | 80,2 |
| davon Bauhandwerk | 55,8 | 89,1 | 82,6 | 85,1 |
| Bauindustrie | 152,4 | 78,5 | 63,2 | 73,7 |

Quellen: Statistisches Bundesamt; Statistisches Landesamt Nordrhein-Westfalen

Umsatz des Bauhauptgewerbes je Beschäftigten
Bundesrepublik und Nordrhein-Westfalen
1950 bis 1959

| | Umsatz je Beschäftigten | | | | | | | | Preisindex[3] 1950 = 100 |
|---|---|---|---|---|---|---|---|---|---|
| | DM | | 1950 = 100 | | DM | | 1950 = 100 | | |
| | 1) | 2) | 1) | 2) | 1) | 2) | 1) | 2) | |
| | BRD | | | | NRW | | | | |
| 1950 | 6 773 | 6 773 | 100 | 100 | 7 077 | 7 077 | 100 | 100 | 100 |
| 1951 | 8 439 | 7 275 | 125 | 107 | 9 002 | 7 760 | 127 | 110 | 116 |
| 1952 | 9 775 | 7 947 | 144 | 117 | 10 385 | 8 443 | 147 | 119 | 123 |
| 1953 | 10 168 | 8 545 | 150 | 126 | 11 426 | 9 601 | 161 | 136 | 119 |
| 1954 | 10 707 | 8 922 | 158 | 132 | 11 488 | 9 573 | 162 | 135 | 120 |
| 1955 | 11 725 | 9 305 | 173 | 137 | 12 538 | 9 951 | 177 | 141 | 126 |
| 1956 | 12 846 | 9 882 | 190 | 146 | 13 692 | 10 532 | 193 | 149 | 130 |
| 1957 | 13 305 | 9 929 | 196 | 147 | 14 413 | 10 756 | 204 | 152 | 134 |
| 1958 | 14 238 | 10 317 | 210 | 152 | 15 160 | 10 986 | 214 | 155 | 138 |
| 1959 | 16 357 | 11 203 | 242 | 165 | 16 718 | 11 450 | 236 | 162 | 146 |

Quellen: Statistisches Bundesamt; Statistisches Landesamt Nordrhein-Westfalen

1. in jeweiligen Preisen
2. in Preisen von 1950
3. Für 1950 bis einschließlich 1954 Preisindex für den Wohnungsbau, 1950 = 100. Ab 1955 verketteter Preisindex für den Wohnungsbau mit dem neuen Preisindex für Wohngebäude

Umsatz des Bauhauptgewerbes je geleistete Arbeitsstunde
Bundesrepublik und Nordrhein-Westfalen
1950 bis 1959

| | Umsatz je geleistete Arbeitsstunde | | | | | | | | Preisindex[3] 1950 = 100 |
|---|---|---|---|---|---|---|---|---|---|
| | DM | | 1950 = 100 | | DM | | 1950 = 100 | | |
| | 1) | 2) | 1) | 2) | 1) | 2) | 1) | 2) | |
| | BRD | | | | NRW | | | | |
| 1950 | 3,41 | 3,41 | 100 | 100 | 3,41 | 3,41 | 100 | 100 | 100 |
| 1951 | 4,18 | 3,60 | 123 | 106 | 4,29 | 3,70 | 126 | 109 | 116 |
| 1952 | 4,87 | 3,96 | 143 | 116 | 4,97 | 4,04 | 146 | 118 | 123 |
| 1953 | 4,90 | 4,12 | 144 | 121 | 5,35 | 4,50 | 157 | 132 | 119 |
| 1954 | 5,18 | 4,32 | 152 | 127 | 5,47 | 4,56 | 160 | 134 | 120 |
| 1955 | 5,67 | 4,50 | 166 | 132 | 5,98 | 4,75 | 175 | 139 | 126 |
| 1956 | 6,13 | 4,72 | 180 | 138 | 6,40 | 4,93 | 188 | 145 | 130 |
| 1957 | 6,72 | 5,01 | 197 | 147 | 7,22 | 5,38 | 212 | 158 | 134 |
| 1958 | 7,34 | 5,32 | 215 | 156 | 7,82 | 5,66 | 229 | 166 | 138 |
| 1959 | 8,45 | 5,79 | 248 | 170 | 8,68 | 5,94 | 255 | 174 | 146 |

Quellen: Statistisches Bundesamt; Statistisches Landesamt Nordrhein-Westfalen

1. in jeweiligen Preisen
2. in Preisen von 1950
3. Für 1950 bis einschließlich 1954 Preisindex für den Wohnungsbau, 1950 = 100. Ab 1955 verketteter Preisindex für den Wohnungsbau mit dem neuen Preisindex für Wohngebäude

Preisbereinigte Umsätze des Bauhauptgewerbes
Bundesrepublik und Nordrhein-Westfalen
1950 bis 1959[a)]

| | Preisbereinigte Umsätze[1)] | | | | | | | |
|---|---|---|---|---|---|---|---|---|
| | je Beschäftigten | | | | je geleistete Arbeitsstunde | | | |
| | Bauindustrie | | Bauhandwerk | | Bauindustrie | | Bauhandwerk | |
| | BRD | NRW | BRD | NRW | BRD | NRW | BRD | NRW |
| Grundzahlen in DM | | | | | | | | |
| 1950 | 7 558 | 8 585 | 6 001 | 6 609 | 3,68 | 4,07 | 3,08 | 3,22 |
| 1951 | 8 752 | . | 6 498 | . | 4,22 | . | 3,26 | . |
| 1952 | 10 085 | . | 6 762 | . | 4,91 | . | 3,40 | . |
| 1953 | 10 397 | 11 080 | 7 199 | 8 049 | 4,86 | 5,28 | 3,52 | 3,73 |
| 1954 | 10 780 | 11 070 | 7 847 | 8 408 | 5,11 | 5,19 | 3,84 | 4,05 |
| 1955 | 11 246 | 11 559 | 8 183 | 8 713 | 5,31 | 5,37 | 4,01 | 4,23 |
| 1956 | 11 927 | 11 947 | 8 779 | 9 450 | 5,61 | 5,49 | 4,22 | 4,47 |
| 1957 | 11 748 | 11 655 | 8 866 | 9 631 | 5,91 | 5,76 | 4,48 | 4,86 |
| 1958 | 12 086 | 12 101 | 9 322 | 9 912 | 6,12 | 6,10 | 4,85 | 5,19 |
| 1959[b)] | 13 210 | 13 000 | 10 210 | 10 499 | 6,68 | 6,59 | 5,33 | 5,53 |
| Veränderung gegenüber dem jeweiligen Vorjahr in vH | | | | | | | | |
| 1951 | + 15,8 | . | + 8,3 | . | + 14,7 | . | + 5,8 | . |
| 1952 | + 15,2 | . | + 4,1 | . | + 16,4 | . | + 4,3 | . |
| 1953 | + 3,1 | . | + 6,5 | . | - 1,0 | . | + 3,5 | . |
| 1954 | + 3,7 | - 0,1 | + 9,0 | + 4,5 | + 5,1 | - 1,7 | + 9,1 | + 8,6 |
| 1955 | + 4,3 | + 4,4 | + 4,3 | + 3,6 | + 3,9 | + 3,5 | + 4,4 | + 4,4 |
| 1956 | + 6,1 | + 3,4 | + 7,3 | + 8,5 | + 5,6 | + 2,2 | + 5,2 | + 5,7 |
| 1957 | - 1,5 | - 2,4 | + 1,0 | + 1,9 | + 5,3 | + 4,9 | + 6,2 | + 8,7 |
| 1958 | + 2,9 | + 3,8 | + 5,1 | + 2,9 | + 3,6 | + 5,9 | + 8,3 | + 6,8 |
| 1959 | + 9,3 | + 7,4 | + 9,5 | + 5,9 | + 9,2 | + 8,0 | + 9,9 | + 6,6 |

Quellen: Statistisches Bundesamt; Statistisches Landesamt Nordrhein-Westfalen

1. Für 1950 bis einschließlich 1954 Preisindex für den Wohnungsbau, 1950 = 100. Ab 1955 verketteter Preisindex für den Wohnungsbau mit dem neuen Preisindex für Wohngebäude

a) Für 1950 bis 1958 einschließlich sind in den Umsätzen die Umsätze der Betriebe und Arbeitsgemeinschaften, die zwar in den Jahren 1950 bis 1958 Umsätze erzielt haben, aber vor dem Stichtag der Totalerhebung erloschen sind, nicht enthalten. 1959 sind sie jedoch enthalten

b) Die Anteile von Bauhandwerk und Bauindustrie am Umsatz des Bauhauptgewerbes mußten für 1959 geschätzt werden. Es wurde aus den jeweiligen Anteilen der ersten Halbjahre 1958 und 1959 das arithmetische Mittel gebildet

Bestand des Bauhauptgewerbes an wichtigen Geräten

Anteile Nordrhein-Westfalens am Gerätebestand der Bundesrepublik in vH

Bundesrepublik und Nordrhein-Westfalen; Juli 1950 und 1959

| Geräteart | Einheit | Bauhandwerk und Bauindustrie | | | | | | | | Bauindustrie | | | | | | | |
|---|---|---|---|---|---|---|---|---|---|---|---|---|---|---|---|---|---|
| | | 1950 | | 1959 | | Zunahme 1959 gegenüber 1950 in vH | | Anteile NRW an BRD in vH | | 1950 | | 1959 | | Zunahme 1959 gegenüber 1950 in vH | | Anteile NRW an BRD in vH | |
| | | BRD | NRW | BRD | NRW | BRD | NRW | 1950 | 1959 | BRD | NRW | BRD | NRW | BRD | NRW | 1950 | 1959 |
| Betonmischer | Stück | 42 727 | 14 323 | 113 258 | 35 896 | 165,1 | 150,6 | 33,5 | 31,7 | 12 647 | 4 209 | 20 067 | 7 554 | 58,7 | 79,5 | 33,3 | 37,6 |
| Turmdrehkrane | " | 644 | 117 | 8 726 | 2 970 | 1 255,0 | 2 438,5 | 18,2 | 34,0 | 439 | 75 | 3 576 | 1 297 | 714,6 | 1 629,3 | 17,1 | 36,3 |
| Bauaufzüge | " | 21 355 | 8 197 | 48 192 | 17 115 | 125,7 | 108,8 | 38,4 | 35,5 | 6 407 | 2 155 | 8 095 | 3 091 | 26,3 | 43,4 | 33,6 | 38,2 |
| Förderbänder | " | 5 340 | 1 373 | 18 085 | 5 344 | 238,7 | 289,2 | 25,7 | 29,5 | 2 942 | 767 | 5 865 | 2 090 | 99,4 | 172,5 | 26,1 | 35,6 |
| Bagger | " | 2 176 | 605 | 11 619 | 3 625 | 434,0 | 499,2 | 27,8 | 31,2 | 1 813 | 513 | 6 188 | 2 177 | 241,3 | 324,4 | 28,3 | 35,2 |
| Lastkraftwagen | " | 11 595 | 4 232 | 38 050 | 12 716 | 228,2 | 200,5 | 36,5 | 33,4 | 3 479 | 1 093 | 8 923 | 3 481 | 156,5 | 218,5 | 31,4 | 39,0 |
| Zugmaschinen | " | 2 036 | 310 | 3 104 | 588 | 52,5 | 80,0 | 15,2 | 18,0 | 965 | 201 | 1 066 | 307 | 10,5 | 52,7 | 20,8 | 28,8 |
| Straßenwalzen | " | 2 902 | 671 | 8 220 | 2 526 | 183,3 | 276,5 | 23,1 | 30,7 | 2 028 | 465 | 4 616 | 1 429 | 127,6 | 207,3 | 22,9 | 31,0 |
| Kompressoren | " | 6 219 | 1 883 | 16 293 | 5 098 | 162,0 | 170,7 | 30,3 | 31,3 | 3 856 | 1 124 | 6 982 | 2 644 | 81,1 | 135,2 | 29,1 | 37,9 |
| Rammen | " | 4 547 | 906 | 7 646 | 2 367 | 68,2 | 161,3 | 19,9 | 31,0 | 2 228 | 467 | 3 694 | 1 242 | 65,8 | 166,0 | 21,0 | 33,6 |
| Stahlrohrgerüste | t | 1 377 | 512 | 15 969 | 6 417 | 1 060,0 | 1 1[illegible]3,3 | 37,2 | 40,2 | 1 279 | 463 | 11 723 | 5 304 | 816,6 | 1 045,6 | 36,2 | 45,2 |

Quellen: Statistisches Bundesamt; Statistisches Landesamt Nordrhein-Westfalen

Einsatz wichtiger Geräte im Bauhauptgewerbe
Bundesrepublik und Nordrhein-Westfalen
Juli 1950 und 1959

| Geräteart | Einheit | Bauhandwerk und Bauindustrie | | | | | | | Bauindustrie | | | | |
|---|---|---|---|---|---|---|---|---|---|---|---|---|---|
| | | 31.Juli 1950 | Einsatz in vH des Bestandes | 31. Juli 1959 | | Einsatz in vH des Bestandes | | Veränderung 1959 gegenüber 1950 in vH | 31.Juli 1950 | Einsatz in vH des Bestands | 31.Juli 1959 | Einsatz in vH des Bestands | Veränderung 1959 gegenüber 1950 in vH |
| | | NRW | | BRD | NRW | BRD | NRW | NRW | NRW | | | | |
| Betonmischer | Stück | 11 623 | 81,1 | 103 168 | 32 711 | 91,1 | 91,1 | + 181,4 | 3 007 | 71,4 | 6 565 | 86,9 | + 118,3 |
| Turmdrehkrane | " | 82 | 70,1 | 8 929 | 3 023 | 102,3 | 101,8 | +3586,6 | 48 | 64,0 | 1 354 | 104,4 | +2720,8 |
| Förderbänder | " | 846 | 61,6 | 15 657 | 4 639 | 86,6 | 86,8 | + 448,3 | 442 | 57,6 | 1 696 | 81,1 | + 283,7 |
| Bauaufzüge | " | 6 391 | 78,0 | 41 386 | 14 995 | 85,9 | 87,6 | + 134,6 | 1 590 | 73,8 | 2 335 | 75,5 | + 46,9 |
| Bagger | " | 433 | 71,6 | 11 597 | 3 603 | 99,8 | 99,4 | + 732,1 | 376 | 73,3 | 2 188 | 100,5 | + 481,9 |
| Lastkraftwagen | " | 3 378 | 79,8 | 38 650 | 12 944 | 101,6 | 101,8 | + 283,2 | 968 | 88,6 | 3 676 | 105,6 | + 279,8 |
| Zugmaschinen | " | 241 | 77,7 | 2 918 | 522 | 94,0 | 93,5 | + 116,6 | 157 | 78,1 | 282 | 91,9 | + 79,6 |
| Straßenwalzen | " | 576 | 85,8 | 7 743 | 2 454 | 94,2 | 97,1 | + 326,0 | 403 | 86,7 | 1 393 | 97,5 | + 245,7 |
| Kompressoren | " | 1 198 | 63,6 | 14 803 | 4 628 | 90,9 | 90,8 | + 286,3 | 734 | 65,3 | 2 374 | 89,8 | + 223,4 |
| Rammen | " | 385 | 42,5 | 6 140 | 1 995 | 80,3 | 84,3 | + 418,2 | 159 | 34,0 | 978 | 78,7 | + 515,1 |
| Stahlrohrgerüste | t | 394 | 77,0 | 17 579 | 7 532 | 110,1 | 117,4 | +1811,7 | 353 | 76,2 | 6 407 | 120,8 | +1715,0 |

Quellen: Statistisches Bundesamt; Statistisches Landesamt Nordrhein-Westfalen

Einsatz wichtiger Geräte im Bauhauptgewerbe[1)]

Bundesrepublik und Nordrhein-Westfalen; 1950 = 100

| Jahr | Geräteart | | | | | | | | | | | | | | Beschäftigte insgesamt | |
|---|---|---|---|---|---|---|---|---|---|---|---|---|---|---|---|---|
| | Beton-mischer | | Turm-dreh-krane | | Bau-auf-züge | | Stahl-rohr-gerüste | | Bagger | | Last-kraft-wagen | | Straßen-walzen | | | |
| | BRD | NRW | BRD | NRW | BRD | NRW | BRD | NRW | BRD | NRW | BRD | NRW | BRD | NRW | BRD | NRW |
| 1950 | 100 | 100 | 100 | 100 | 100 | 100 | 100 | 100 | 100 | 100 | 100 | 100 | 100 | 100 | 100 | 100 |
| 1951 | 117 | 120 | 124 | 181 | 111 | 113 | 129 | 145 | 137 | 141 | 125 | 129 | 121 | 115 | 100 | 107 |
| 1952 | 139 | 140 | 218 | 416 | 131 | 134 | 154 | 156 | 168 | 192 | 153 | 159 | 142 | 141 | 111 | 115 |
| 1953 | 167 | 168 | 369 | 809 | 153 | 158 | 180 | 161 | 207 | 244 | 195 | 217 | 164 | 170 | 122 | 131 |
| 1954 | 190 | 183 | 643 | 1 355 | 173 | 168 | 284 | 319 | 261 | 330 | 214 | 225 | 186 | 196 | 129 | 137 |
| 1955 | 222 | 214 | 927 | 1 983 | 202 | 197 | 530 | 567 | 357 | 458 | 251 | 254 | 227 | 251 | 144 | 151 |
| 1956 | 249 | 239 | 1 155 | 2 489 | 226 | 214 | 737 | 632 | 461 | 559 | 294 | 290 | 255 | 288 | 146 | 154 |
| 1957 | 259 | 248 | 1 246 | 2 794 | 222 | 214 | 984 | 985 | 519 | 634 | 318 | 310 | 263 | 320 | 137 | 149 |
| 1958 | 278 | 258 | 1 488 | 3 201 | 244 | 228 | 1 292 | 1 342 | 616 | 730 | 350 | 341 | 308 | 373 | 142 | 151 |
| 1959 | 313 | 281 | 1 884 | 3 687 | 267 | 235 | 1 975 | 1 912 | 743 | 833 | 401 | 383 | 344 | 426 | 147 | 149 |

Quellen: Statistisches Bundesamt; Statistisches Landesamt Nordrhein-Westfalen

1. Stand Ende Juli jeden Jahres.

Wichtige Geräte je 1 000 Beschäftigte des Bauhauptgewerbes

Bundesrepublik und Nordrhein-Westfalen; Juli 1959

| | Beschäftigte | | Geräte | | | | | | |
|---|---|---|---|---|---|---|---|---|---|
| | | | | | | | | Straßenbaumaschinen für | |
| | Bauhauptgewerbe einschl. Straßenbau 1) | Straßenbau 2) | Turmdrehkrane | Förderbänder | Betonmischer | Bagger | Planierraupen | Betonstraßen | Schwarzdecken |
| Nordrhein-Westfalen | 426 668 | 44 462 | 2 970 | 5 344 | 35 896 | 3 625 | 2 374 | 303 | 2 827 |
| Geräte je 1000 Beschäftigte | - | . | 7,0 | 12,5 | 84,1 | 8,5 | 5,6 | 6,8 | 63,6 |
| Bundesrepublik | 1 444 070 | 143 857 | 9 028 | 18 229 | 115 125 | 12 015 | 7 896 | 1 182 | 9 928 |
| Geräte je 1000 Beschäftigte | - | . | 6,3 | 12,6 | 79,7 | 8,3 | 5,5 | 8,2 | 69,0 |
| Anteile NRW an BRD in vH | 29,5 | 30,9 | 32,9 | 29,3 | 31,2 | 30,2 | 30,1 | 25,6 | 28,5 |

Quellen: Statistisches Bundesamt; Statistisches Landesamt Nordrhein-Westfalen

1. Meßzahl für die allgemeinen Baugeräte von den Turmdrehkranen bis zu den Planierraupen

2. Meßzahl für die Straßenbaumaschinen für Betonstraßen und Schwarzdecken

Betriebe und Beschäftigte der Bauindustrie
nach Betriebsgrößenklassen
Bundesrepublik und Nordrhein-Westfalen; Juli 1950 und 1959

| Betriebe mit ... Beschäftigten | Betriebe | | | | | |
|---|---|---|---|---|---|---|
| | 1950 | | 1959 | | Veränderungen in vH | |
| | BRD | NRW | BRD | NRW | BRD | NRW |
| 1 bis 9 | 662 | 141 | 547 | 309 | - 17,4 | + 119,1 |
| 10 bis 19 | 487 | 176 | 329 | 167 | - 32,5 | - 5,1 |
| 20 bis 49 | 874 | 311 | 916 | 414 | + 4,8 | + 33,1 |
| 50 bis 99 | 851 | 276 | 857 | 320 | + 0,7 | + 15,9 |
| 100 und mehr | 944 | 292 | 1 396 | 471 | + 47,9 | + 61,3 |
| insgesamt | 3 818 | 1 196 | 4 045 | 1 681 | + 5,9 | + 40,6 |
| **Betriebe mit ... Beschäftigten** | **Beschäftigte** | | | | | |
| | 1950 | | 1959 | | Veränderungen in vH | |
| | BRD | NRW | BRD | NRW | BRD | NRW |
| 1 bis 9 | 2 782 | 730 | 2 321 | 1 316 | - 16,6 | + 80,3 |
| 10 bis 19 | 6 985 | 2 597 | 4 734 | 2 385 | - 32,2 | - 8,2 |
| 20 bis 49 | 28 855 | 10 352 | 29 769 | 12 658 | + 3,2 | + 22,3 |
| 50 bis 99 | 60 725 | 19 775 | 61 492 | 22 706 | + 1,3 | + 14,8 |
| 100 und mehr | 227 770 | 70 307 | 367 607 | 121 874 | + 61,4 | + 73,3 |
| insgesamt | 327 117 | 103 761 | 465 923 | 160 939 | + 42,4 | + 55,1 |

Quellen: Statistisches Bundesamt; Statistisches Landesamt Nordrhein-Westfalen

Betriebe und Beschäftigte der Bauindustrie nach Betriebsgrößenklassen in vH
Bundesrepublik und Nordrhein-Westfalen; Juli 1950 und 1959

| Betriebsgrößenklasse | Von den Betrieben entfallen in vH | | | | Von den Beschäftigten entfallen in vH | | | |
|---|---|---|---|---|---|---|---|---|
| | 1950 | | 1959 | | 1950 | | 1959 | |
| | BRD | NRW | BRD | NRW | BRD | NRW | BRD | NRW |
| Beschäftigte | | | | | | | | |
| 1 bis 9 | 17,3 | 11,8 | 13,5 | 18,4 | 0,9 | 0,7 | 0,5 | 0,8 |
| 10 bis 19 | 12,8 | 14,7 | 8,1 | 9,9 | 2,1 | 2,5 | 1,0 | 1,5 |
| 20 bis 49 | 22,9 | 26,0 | 22,7 | 24,6 | 8,8 | 10,0 | 6,4 | 7,9 |
| 50 bis 99 | 22,3 | 23,1 | 21,2 | 19,0 | 18,6 | 19,1 | 13,2 | 14,1 |
| 100 bis 199 | 14,8 | 14,9 | 31,3 | 16,0 | 23,9 | 23,6 | 54,6 | 22,9 |
| 200 bis 499 | 8,1 | 9,0 | | 11,5 | 28,3 | 25,5 | | 27,3 |
| 500 bis 999 | 1,4 | | 3,2 | | 10,9 | 11,7 | 24,3 | 15,3 |
| 1 000 und mehr | 0,4 | 0,5 | | 0,6 | 6,5 | 6,9 | | 10,2 |
| Insgesamt | 100 | 100 | 100 | 100 | 100 | 100 | 100 | 100 |

Quellen: Statistisches Bundesamt; Statistisches Landesamt Nordrhein-Westfalen

Zahl der in der Bauindustrie Beschäftigten nach Berufsgruppen
Bundesrepublik und Nordrhein-Westfalen
Juli 1950 und 1959

| Berufsgruppe | Beschäftigte insgesamt | | | | | |
|---|---|---|---|---|---|---|
| | 1950 | | 1959 | | Veränderung in vH | |
| | BRD | NRW | BRD | NRW | BRD | NRW |
| Tätige Inhaber und Mitinhaber | 4 286 | 1 327 | 3 625 | 1 457 | - 15,4 | + 9,8 |
| Kaufmännische, technische Angestellte (auch Lehrlinge) | 21 674 | 7 534 | 40 029 | 15 761 | + 84,7 | +109,2 |
| Poliere, Schachtmeister und Meister | 11 142 | 4 321 | 13 992 | 5 625 | + 25,6 | + 30,2 |
| Hilfspoliere, Hilfsschachtmeister und sonstige Hilfsmeister | 15 272 | 6 157 | 22 518 | 7 516 | + 47,4 | + 22,1 |
| Maurer | 50 128 | 15 502 | 59 061 | 20 139 | + 17,8 | + 29,9 |
| Zimmerer | 18 708 | 4 965 | 37 688 | 11 101 | +101,5 | +123,6 |
| Übrige Facharbeiter (einschl.Gipser, Putzer etc.) | 33 931 | 11 175 | 71 171 | 29 967 | +109,8 | +168,2 |
| Helfer | 36 847 | 12 741 | 68 472 | 23 727 | + 85,8 | + 86,2 |
| Hilfsarbeiter | 118 576 | 34 415 | 140 098 | 42 717 | + 18,2 | + 24,1 |
| Gewerbliche Lehrlinge, Umschüler, Anlernlinge und Praktikanten | 16 553 | 5 624 | 9 269 | 2 929 | - 44,0 | - 47,9 |
| Beschäftigte insgesamt (einschl. Inhaber) | 327 117 | 103 761 | 465 923 | 160 939 | + 42,4 | + 55,1 |
| Zahl der Betriebe | 3 818 | 1 196 | 4 045 | 1 681 | + 5,9 | + 40,6 |

Quellen: Statistisches Bundesamt; Statistisches Landesamt Nordrhein-Westfalen

Anteile der Bauindustrie an den Beschäftigten, den geleisteten Arbeitsstunden und Umsätzen des Bauhauptgewerbes in vH
Bundesrepublik und Nordrhein-Westfalen; Juli 1950 bis 1959

| Jahr | Beschäftigte | | Geleistete Arbeitsstunden | | Umsätze | |
|---|---|---|---|---|---|---|
| | BRD | NRW | BRD | NRW | BRD | NRW |
| 1950 | 34,0 | 36,3 | 35,2 | 36,5 | 39,4 | 42,0 |
| 1951 | 33,2 | 37,6 | 34,1 | 37,6 | 40,1 | 42,7 |
| 1952 | 32,8 | 37,0 | 33,5 | 36,8 | 42,1 | 44,3 |
| 1953 | 32,2 | 36,8 | 33,2 | 36,6 | 40,7 | 44,9 |
| 1954 | 32,1 | 37,6 | 32,8 | 38,1 | 39,4 | 44,2 |
| 1955 | 32,5 | 38,7 | 33,3 | 39,4 | 39,8 | 45,8 |
| 1956 | 32,5 | 39,4 | 33,0 | 39,8 | 39,5 | 45,2 |
| 1957 | 32,2 | 39,0 | 32,3 | 39,1 | 38,6 | 43,9 |
| 1958 | 33,2 | 38,8 | 33,8 | 39,4 | 39,2 | 43,9 |
| 1959 | 33,1 | 37,7 | 33,8 | 38,5 | 39,0 | 43,2 |
| Streuung | 1,9 | 3,1 | 2,9 | 3,3 | 3,5 | 3,8 |

Quellen: Statistisches Bundesamt; Statistisches Landesamt Nordrhein-Westfalen

Von der Bauindustrie geleistete Arbeitsstunden nach Betriebsgrößenklassen in vH

Bundesrepublik und Nordrhein-Westfalen

Juli 1950 und 1959

| Betriebe mit .... Beschäftigten | Wohnungsbau | | Landwirtschaftl. Bau | | Gewerbl. und industrieller Bau | | Öffentl. und Verkehrsbau | | Insgesamt | | Größenklassen in vH aller Arbeitsstunden | |
|---|---|---|---|---|---|---|---|---|---|---|---|---|
| | BRD | NRW | BRD | NRW | BRD | NRW | BRD | NRW | BRD | NRW | BRD | NRW |
| 1950 | | | | | | | | | | | | |
| 1 bis 9 | 39,2 | 36,6 | 13,9 | 5,0 | 20,5 | 20,8 | 26,4 | 37,6 | 100 | 100 | 0,7 | 0,5 |
| 10 bis 19 | 33,5 | 31,9 | 5,1 | 2,2 | 24,6 | 29,5 | 36,8 | 36,4 | 100 | 100 | 1,9 | 2,2 |
| 20 bis 49 | 33,1 | 25,9 | 2,9 | 3,3 | 22,6 | 27,5 | 41,4 | 43,3 | 100 | 100 | 8,5 | 9,8 |
| 50 bis 99 | 31,8 | 32,0 | 2,0 | 0,7 | 25,0 | 28,9 | 41,2 | 38,4 | 100 | 100 | 18,6 | 19,3 |
| 100 bis499 | 28,4 | 29,7 | 1,8 | 0,8 | 30,1 | 36,3 | 39,7 | 33,2 | 100 | 100 | 52,6 | 49,5 |
| 500 und mehr | 21,7 | 19,3 | 0,8 | - | 44,7 | 55,7 | 32,8 | 25,0 | 100 | 100 | 17,7 | 18,7 |
| Alle Betriebe | 28,4 | 27,9 | 1,9 | 1,0 | 31,0 | 37,4 | 38,7 | 33,7 | 100 | 100 | 100 | 100 |
| 1959 | | | | | | | | | | | | |
| 1 bis 9 | 31,1 | 41,5 | 1,8 | 0,5 | 14,2 | 14,0 | 52,9 | 44,0 | 100 | 100 | 0,5 | 0,7 |
| 10 bis 19 | 26,6 | 30,1 | 2,7 | 2,7 | 19,3 | 22,9 | 51,4 | 44,3 | 100 | 100 | 1,0 | 1,5 |
| 20 bis 49 | 14,8 | 15,5 | 1,7 | 0,8 | 21,0 | 25,2 | 62,5 | 58,5 | 100 | 100 | 6,5 | 8,0 |
| 50 bis 99 | 17,3 | 17,7 | 1,4 | 1,2 | 20,8 | 27,2 | 60,5 | 53,9 | 100 | 100 | 13,3 | 14,3 |
| 100 bis 499 | 15,7 | 17,4 | 0,4 | 0,2 | 26,9 | 36,0 | 57,0 | 46,4 | 100 | 100 | 55,3 | 51,6 |
| 500 und mehr | 14,1 | 12,1 | 0,1 | 0,1 | 47,3 | 65,6 | 38,5 | 22,2 | 100 | 100 | 23,4 | 23,9 |
| Alle Betriebe | 15,7 | 16,4 | 0,6 | 0,4 | 30,3 | 40,6 | 53,4 | 42,6 | 100 | 100 | 100 | 100 |

Quellen: Statistisches Bundesamt; Statistisches Landesamt Nordrhein-Westfalen

Anteile der einzelnen Betriebsgrößenklassen am Gesamtumsatz der Bauindustrie in vH, Nordrhein-Westfalen; 1950, 1957 und 1958

| Betriebe mit ... Beschäftigten | 1950 | 1957 | 1958 |
|---|---|---|---|
| 1 bis 9 | 1,7 | 1,5 | 1,0 |
| 10 bis 19 | 3,0 | 1,5 | 1,6 |
| 20 bis 49 | 8,1 | 9,1 | 8,7 |
| 50 und mehr | 87,2 | 87,9 | 88,7 |

Quelle: Statistisches Landesamt Nordrhein-Westfalen

Anteile der einzelnen Bauarten am Umsatz der Bauindustrie in vH
Gliederung nach Betriebsgrößenklassen
Bundesrepublik und Nordrhein-Westfalen; Juli 1953 und 1959

| | Woh- nungs- bau | Land- wirt- schaftl. Bau | Gewerbl. u. ind. Bau | Öffentl. u. Verkehrs- bau | Umsatz insgesamt | Anteile der einz. Größen- klassen am Umsatz der Bauindustrie in vH |
|---|---|---|---|---|---|---|
| **1953** | | | | | | |
| Nordrhein-Westfalen | | | | | | |
| 1 bis 9 | 49,1 | - | 20,0 | 30,9 | 100 | 1,0 |
| 10 bis 19 | 41,6 | 1,7 | 17,7 | 39,0 | 100 | 1,7 |
| 20 bis 49 | 23,2 | 0,8 | 32,5 | 43,5 | 100 | 8,2 |
| 50 und mehr | 21,7 | 0,3 | 42,7 | 35,3 | 100 | 89,1 |
| Alle Betriebe | 22,5 | 0,3 | 41,2 | 36,0 | 100 | 100 |
| Bundesgebiet[1] | | | | | | |
| Alle Betriebe | 21,9 | 0,8 | 29,9 | 47,4 | 100 | - |
| **1959** | | | | | | |
| Nordrhein-Westfalen | | | | | | |
| 1 bis 9 | 38,1 | 0,7 | 18,7 | 42,5 | 100 | 0,8 |
| 10 bis 19 | 33,0 | 2,6 | 24,9 | 39,5 | 100 | 1,4 |
| 20 bis 49 | 11,9 | 0,5 | 26,2 | 61,4 | 100 | 8,7 |
| 50 und mehr | 13,7 | 0,4 | 43,8 | 42,1 | 100 | 89,1 |
| Alle Betriebe | 14,0 | 0,4 | 41,8 | 43,8 | 100 | 100 |
| Bundesgebiet | | | | | | |
| Alle Betriebe | 13,2 | 0,6 | 31,3 | 54,9 | 100 | - |

Quellen: Statistisches Bundesamt; Statistisches Landesamt Nordrhein-Westfalen

1. Ohne Bayern

Löhne und Gehälter der Bauindustrie in vH des Umsatzes

Gliederung nach Betriebsgrößenklassen

Nordrhein-Westfalen; Juli 1950 und 1959

| Betriebe mit .... Beschäftigten | Löhne und Gehälter 1 000 DM | | vH des Umsatzes | | Löhne und Gehälter 1 000 DM | | vH des Umsatzes | |
|---|---|---|---|---|---|---|---|---|
| | Juli 1950 | | | | Juli 1959 | | | |
| | BRD | NRW | BRD | NRW | BRD | NRW | BRD | NRW |
| 1 bis 9 | . | 153 | . | 38,1 | . | 538 | . | 25,8 |
| 10 bis 19 | . | 668 | . | 32,7 | . | 1 240 | . | 32,6 |
| 20 bis 49 | . | 2 792 | . | 38,8 | . | 6 970 | . | 29,8 |
| 50 und mehr | . | 25 579 | . | 40,7 | . | 84 369 | . | 35,4 |
| Insgesamt | 86 963 | 29 192 | 42,3 | 40,2 | 259 177 | 93 117 | 32,4 | 34,8 |

Quelle: Statistisches Landesamt Nordrhein-Westfalen

Ausstehende Forderungen und Umsätze der Bauindustrie
nach Betriebsgrößenklassen; Nordrhein-Westfalen

| Betriebe mit ... Beschäftigten | Ausstehende Forderungen | | | Umsatz | | |
|---|---|---|---|---|---|---|
| | 31. Juli | | Zunahme 1959 gegenüber 1950 in vH | Juli | | Zunahme 1959 gegenüber 1950 in vH |
| | 1950 | 1959 | | 1950 | 1959 | |
| | 1 000 DM | | | 1 000 DM | | |
| 1 bis 9 | 471 | 1 817 | 286 | 402 | 2 088 | 419 |
| 10 bis 19 | 1 777 | 2 401 | 35 | 2 041 | 3 801 | 86 |
| 20 bis 49 | 5 552 | 21 139 | 281 | 7 201 | 23 412 | 225 |
| 50 und mehr | 49 121 | 172 037 | 250 | 62 904 | 238 679 | 279 |
| Insgesamt | 56 921 | 197 394 | 247 | 72 548 | 267 980 | 269 |
| Anteil der Firmengrößenklassen in vH | | | | | | |
| 1 bis 9 | 0,8 | 0,9 | - | 0,6 | 0,8 | - |
| 10 bis 19 | 3,1 | 1,2 | - | 2,8 | 1,4 | - |
| 20 bis 49 | 9,8 | 10,7 | - | 9,9 | 8,7 | - |
| 50 und mehr | 86,3 | 87,2 | - | 86,7 | 89,1 | - |
| Insgesamt | 100 | 100 | - | 100 | 100 | - |

Quelle: Statistisches Landesamt Nordrhein-Westfalen

Anteile der einzelnen Betriebsgrößenklassen
in der Bauindustrie am Nachwuchs
Nordrhein-Westfalen; 1950 und 1959

| Von den insgesamt in der Bauindustrie beschäftigten gewerblichen Lehrlingen, Umschülern, Anlernlingen und Praktikanten entfielen ... vH | | |
|---|---|---|
| auf Betriebe mit ... Beschäftigten | 1950 | 1959 |
| 1 bis 9 | 0,7 | 0,1 |
| 10 bis 19 | 2,2 | 0,6 |
| 20 bis 49 | 8,3 | 4,1 |
| 50 bis 99 | 19,0 | 12,6 |
| 100 bis 199 | 24,5 | 23,4 |
| 200 bis 499 | 27,3 | 29,6 |
| 500 bis 999 | 12,0 | 18,0 |
| 1 000 und mehr | 6,0 | 11,6 |
| Insgesamt | 100 | 100 |

Quelle Statistisches Landesamt Nordrhein-Westfalen

Zahl der in der Bauindustrie Besch…

Nordrhe…

| Berufsgruppe | Beschäftig… | | | | | | | | | | |
|---|---|---|---|---|---|---|---|---|---|---|---|
| | 1 bis 9 | | | 10 bis 19 | | | 20 bis 49 | | | 50 bis | |
| | 1950 | 1959 | Veränderung in vH | 1950 | 1959 | Veränderung in vH | 1950 | 1959 | Veränderung in vH | 1950 | 1959 |
| Tätige Inhaber und Mitinhaber ....... | 155 | 324 | + 109,0 | 194 | 187 | - 3,6 | 339 | 302 | - 10,9 | 315 | 264 |
| Kaufmännische, technische Angestellte (einschl. Lehrlinge) ....... | 41 | 79 | + 92,7 | 234 | 211 | - 9,8 | 772 | 1 015 | + 31,5 | 1 279 | 1 764 |
| Poliere, Schachtmeister u. Meister | 20 | 11 | - 45,0 | 99 | 43 | - 56,6 | 384 | 419 | + 9,1 | 841 | 731 |
| Hilfspoliere, Hilfsschachtmeister und sonstige Hilfsmeister | 72 | 36 | - 50,0 | 226 | 144 | - 36,3 | 852 | 709 | - 16,8 | 1 378 | 1 200 |
| Maurer ............ | 91 | 71 | - 22,0 | 420 | 219 | - 47,9 | 1 438 | 1 357 | - 5,6 | 2 947 | 2 675 |
| Zimmerer .......... | 18 | 12 | - 33,3 | 57 | 73 | + 28,1 | 260 | 507 | + 95,0 | 555 | 1 190 |
| Übrige Facharbeiter einschl. Dachdecker, Gipser, Putzer usw. | 87 | 237 | + 172,4 | 280 | 432 | + 54,3 | 1 029 | 2 321 | + 125,6 | 2 156 | 4 299 |
| Helfer ........... | 80 | 138 | + 72,5 | 332 | 396 | + 19,3 | 1 677 | 2 185 | + 30,3 | 3 090 | 3 589 |
| Hilfsarbeiter ..... | 129 | 406 | + 214,7 | 632 | 662 | + 4,7 | 3 134 | 3 724 | + 18,8 | 6 143 | 6 626 |
| Gewerbliche Lehrlinge, Umschüler, Anlernlinge und Praktikanten ...... | 37 | 2 | - 94,6 | 123 | 18 | - 85,4 | 467 | 119 | - 74,5 | 1 071 | 368 |
| Beschäftigte insgesamt (einschl. Inhaber) ........... | 730 | 1 316 | + 80,3 | 2 597 | 2 385 | - 8,2 | 10 352 | 12 658 | + 22,3 | 19 775 | 22 706 |
| Zahl der Betriebe | 141 | 309 | + 119,1 | 176 | 167 | - 5,1 | 311 | 414 | + 33,1 | 276 | 320 |

Quelle: Statistisches Landesamt Nordrhein-Westfalen.

gruppen und nach Betriebsgrößenklassen

950 und 1959

| ......... Personen | | | | | | | | | | | | | |
|---|---|---|---|---|---|---|---|---|---|---|---|---|---|
| 0 bis 199 | | 200 bis 499 | | | 500 bis 999 | | | 1 000 und mehr | | | Insgesamt | | |
| 1959 | Veränderung in vH | 1950 | 1959 | Veränderung in vH | 1950 | 1959 | Veränderung in vH | 1950 | 1959 | Veränderung in vH | 1950 | 1959 | Veränderung in vH |
| 197 | - 1,5 | 103 | 148 | + 43,7 | 17 | 29 | + 70,6 | 4 | 6 | + 50,0 | 1 327 | 1.457 | + 9,8 |
| 2 842 | + 95,9 | 1 855 | 4 094 | + 120,7 | 1 104 | 3 338 | + 102,4 | 798 | 2 418 | + 203,0 | 7 534 | 15 761 | + 109,2 |
| 283 | + 19,8 | 1 186 | 1 732 | + 46,0 | 484 | 861 | + 77,9 | 236 | 545 | + 130,9 | 4 321 | 5 625 | + 30,2 |
| 849 | + 25,5 | 1 317 | 1 802 | + 36,8 | 543 | 998 | + 83,8 | 296 | 778 | + 162,8 | 6 157 | 7 516 | + 22,1 |
| 811 | + 27,9 | 4 068 | 5 914 | + 45,4 | 1 612 | 3 260 | + 102,2 | 1 163 | 1 832 | + 57,5 | 15 502 | 20 139 | + 29,9 |
| 379 | + 125,3 | 1 477 | 3 624 | + 145,4 | 980 | 2 435 | + 148,5 | 562 | 881 | + 56,8 | 4 965 | 11 101 | + 123,6 |
| 173 | + 194,8 | 2 817 | 7 647 | + 171,5 | 1 412 | 4 399 | + 211,5 | 961 | 3 459 | + 259,9 | 11 175 | 29 967 | + 168,2 |
| 551 | + 57,9 | 2 932 | 6 680 | + 127,8 | 749 | 2 734 | + 265,0 | 365 | 2 454 | + 572,3 | 12 741 | 23 727 | + 86,2 |
| 113 | + 23,8 | 9 263 | 11 472 | + 23,8 | 4 516 | 6 051 | + 34,0 | 2 428 | 3 663 | + 50,9 | 34 415 | 42 717 | + 24,1 |
| 686 | - 50,2 | 1 533 | 867 | - 43,5 | 676 | 528 | - 21,9 | 340 | 341 | + 0,3 | 5 624 | 2 929 | - 47,9 |
| 884 | + 50,5 | 26 551 | 43 980 | + 65,6 | 12 093 | 24 633 | + 103,7 | 7 153 | 16 377 | + 129,0 | 103 761 | 160 939 | + 55,1 |
| 268 | + 50,6 | 90 | 154 | + 71,1 | 18 | 39 | + 116,7 | 6 | 10 | + 66,7 | 1 196 | 1 681 | + 40,6 |

# FORSCHUNGSBERICHTE DES LANDES NORDRHEIN-WESTFALEN

**Herausgegeben durch das Kultusministerium**

## WIRTSCHAFTSWISSENSCHAFTEN

HEFT 124
*Prof. Dr. R. Seyffert, Köln*
Wege und Kosten der Distribution der Hausratwaren im Lande Nordrhein-Westfalen
*1955, 74 Seiten, 25 Tabellen, DM 9,—*

HEFT 217
*Rationalisierungskuratorium der Deutschen Wirtschaft (RKW), Frankfurt/Main*
Typenvielzahl bei Haushaltgeräten und Möglichkeiten einer Beschränkung
*1956, 328 Seiten, 2 Abb., 181 Tabellen, DM 49,50*

HEFT 222
*Dr. L. Köllner, Münster und Dipl.-Volkswirt M. Kaiser, Bochum*
Die internationale Wettbewerbsfähigkeit der westdeutschen Wollindustrie
*1956, 214 Seiten, 5 Abb., DM 39,50*

HEFT 288
*Dr. K. Brücker-Steinkuhl, Düsseldorf*
Anwendung mathematisch-statischer Verfahren in der Industrie
*1956, 103 Seiten, 27 Abb., 14 Tabellen, DM 24,20*

HEFT 323
*Prof. Dr. R. Seyffert, Köln*
Wege und Kosten der Distribution der Textilien, Schuh- und Lederwaren
*1956, 98 Seiten, 37 Tabellen, 1 Falttafel, DM 12,—*

HEFT 353
*Forschungsinstitut für Rationalisierung, Abt. Dokumentation, Aachen*
Schlagwortregister zur Rationalisierung
*1957, 376 Seiten, DM 56,—*

HEFT 364
*Prof. Dr. Th. Beste, Köln*
Die Mehrkosten bei der Herstellung ungängiger Erzeugnisse im Vergleich zur Herstellung vereinheitlichter Erzeugnisse
*1957, 352 Seiten, DM 50,—*

HEFT 365
*Prof. Dr. G. Ipsen, Dr. W. Christaller, Dr. W. Köttmann und Dr. R. Mackensen, Sozialforschungsstelle an der Universität Münster zu Dortmund*
Standort und Wohnort
*1957, Textband: 350 Seiten, 28 Karten, 73 Tab.*
*Anlageband: 15 Karten, 21 Tab., DM 99,—*

HEFT 437
*Dr. I. Meyer, Köln*
Geldwertbewußtsein und Münzpolitik. — Das sogenannte Gresham'sche Gesetz im Lichte der ökonomischen Verhaltensforschung
*1957, 80 Seiten, DM 20,30*

HEFT 451
*Prof. Dr. G. Schmölders, Köln*
Rationalisierung und Steuersystem
*1957, 78 Seiten, DM 17,15*

HEFT 469
*Dr. sc. agr. F. Riemann und Dipl.-Volksw. R. Hengstenberg, Göttingen*
Zur Industrialisierung kleinbäuerlicher Räume
*1957, 130 Seiten, 5 Karten, 23 Tabellen, DM 27,—*

HEFT 477
*Sozialforschungsstelle an der Universität Münster zu Dortmund*
Beiträge zur Soziologie der Gemeinden. Teil I:
*Dr. K. Utermann, Dortmund*
Freizeitprobleme bei der männlichen Jugend einer Zechengemeinde
*1957, 56 Seiten, DM 12,75*

HEFT 563
*Sozialforschungsstelle an der Universität Münster zu Dortmund*
Beiträge zur Soziologie der Gemeinde im Ruhrgebiet. Teil II:
*Dr. D. v. Oppen, Dortmund*
Familien in ihrer Umwelt
*1958, 104 Seiten, DM 26,10*

HEFT 564
*Sozialforschungsstelle an der Universität Münster zu Dortmund*
Beiträge zur Soziologie der Gemeinde im Ruhrgebiet. Teil III:
*Dr. H. Croon, Bochum*
Das Gemeindewahlrecht im Rheinland und Westfalen im 19. Jahrhundert *in Vorbereitung*

HEFT 565
*Sozialforschungsstelle an der Universität Münster zu Dortmund*
Beiträge zur Soziologie der Gemeinde im Ruhrgebiet Teil IV
*Dr. K. Hahn*
Die kommunale Neuordnung des Ruhrgebietes, dargestellt am Beispiel Dortmunds
für die Veröffentlichung bearbeitet von *Dr. R. Mackensen*
*1958, 154 Seiten, 14 Karten, DM 42,80*

HEFT 566
*Dr. H. Klages, Dortmund*
Der Nachbarschaftsgedanke und die nachbarliche Wirklichkeit in der Großstadt
*1958, 256 Seiten, 26 Tabellen, 1 Faltkarte, DM 47,—*

HEFT 572
*Dipl.-Kfm. Dipl.-Volksw. Dr. J.-B. Felten, Köln*
Wert und Bewertung ganzer Unternehmungen unter besonderer Berücksichtigung der Energiewirtschaft
*1958, 144 Seiten. DM 33,60*

HEFT 591
*Dr. Schairer, Köln*
Aufgabe, Struktur und Entwicklung der Stiftungen
*1958, 50 Seiten, DM 16,40*

HEFT 592
*Verein zur Förderung des Forschungsinstituts für Rationalisierung an der Rhein.-Westf. Technischen Hochschule Aachen*
Das Forschungsinstitut für Rationalisierung an der Rhein.-Westf. Technischen Hochschule Aachen
*1959, 74 Seiten, 33 Abb., DM 20,—*

HEFT 601
*W. Barbo und E. Stiller, Köln*
Die Lage des Technisch-Wissenschaftlichen Nachwuchses und der Technisch-Wissenschaftlichen Hochschulen in der Bundesrepublik
*1958, 32 Seiten, DM 8,80*

HEFT 602
*H. v. Stebut, Köln*
Die Hochschulen in der Aufwärtsentwicklung Westdeutschlands
*1958, 38 Seiten, DM 10,20*

HEFT 604
*Dipl.-Ing. H. Gröttrup, Aachen*
Studienanalyse halbautomatischer Dokumentationsselektoren
*1958, 112 Seiten, 50 Abb., 12 Tabellen, DM 28,50*

HEFT 607
*Dr. H. Schlachter, Münster*
Die Wettbewerbslage der westdeutschen Juteindustrie
*1958, 136 Seiten, 35 Tabellen, DM 32,—*

HEFT 624
*Finanzwissenschaftliches Forschungsinstitut an der Universität Köln*
Progression und Regression
*1958, 70 Seiten, 4 Abb., 3 Tabellen, DM 17,40*

HEFT 636
*Prof. Dr.-Ing. J. Mathieu und Dr. phil. S. Barlen, Aachen*
Richtwerte für Zeitaufwand und Kosten von Dokumentationsarbeiten
*1958, 54 Seiten, DM 16,20*

HEFT 641
*Prof. Dr.-Ing. J. Mathieu und Dr. phil. M. Gnielinski, Aachen*
Die industrielle Produktivität in neuerer Sicht
*1958, 132 Seiten, 16 Abb., 31 Tabellen, DM 31,70*

HEFT 650
*Dr. phil. nat. H. A. Elsner, Aachen*
Aufbau einer Fachdokumentation aus vorhandenen Referatdiensten
*1958, 36 Seiten, 1 Abb., 2 Tabellen, DM 12,10*

HEFT 658
*Dipl.-Kfm. Dr. Grupe, Köln*
Public Relations in der öffentlichen Energieversorgung
*1958, 48 Seiten, DM 12,25*

HEFT 677
*Dr. sc. agr. F. Riemann, Dipl.-Volksw. R. Hengstenberg und Dipl.-Ldw. G. Bunge, Göttingen*
Der ländliche Raum als Standort industrieller Fertigung
*1959, 196 Seiten, und viele Tabellen, DM 46,40*

HEFT 678
*Dipl.-Volksw. Dr. O. Blume, Dipl.-Volksw. J. Heidermann und Dipl.-Hdl. Dr. E. Kuhlmeyer Köln*
Wirtschaftsorganisatorische Wege zum gemeinsamen Eigentum und zur gemeinsamen Verantwortung der Arbeitnehmer I. und II. Teil
*1959, 404 Seiten, DM 60,—*

HEFT 715
*Dr. E. Wedekind, Krefeld*
Die Auftragsplanung und Arbeitsorganisation in gewerblichen Wäschereien
*1959, 116 Seiten, 25 Abb., DM 29,50*

HEFT 721
*F. E. Nord, Köln*
Der Stifterverband für die Deutsche Wissenschaft und die Begabtenförderung an den wissenschaftlichen Hochschulen
*1959, 30 Seiten, DM 8,40*

HEFT 729
*Forschungsinstitut für Internationale Technische Zusammenarbeit (F.I.Z.) an der Rheinisch-Westfälischen Technischen Hochschule, Aachen*
Wirtschaftliche, technische und soziale Probleme im neuen Indien. Vorträge zur Eröffnung der Deutsch-Indischen Ausstellung in Aachen am 14. November 1958
*1959, 96 Seiten, 28 Abb., DM 24,70*

HEFT 751
*Prof. Dr. Dr. h. c. R. Seyffert, Köln*
Wege und Kosten der Distribution von Konsumwaren des Pflege- und Heilbedarfs, Arbeits- und Betriebsmittelbedarfs, Bildungs- und Unterhaltungsbedarfs, Schmuck- und Zierbedarfs, Wohnbedarfs
*1959, 102 Seiten, 29 Tabellen, DM 14,—*

HEFT 758
*Prof. A. P. Sanchez-Concha, Ph. D., LL. D., Aachen*
Über den Begriff der industriellen Arbeit
*1959, 16 Seiten, DM 5,40*

HEFT 766
*Dr.-Ing. Dr. W. Grosse, Bonn*
Internationale Organisationen der Naturwissenschaft und Technik und ihre Zusammenarbeit. Teil I
*1956, 20 Seiten, 6 Abb., 5 Tabellen, DM 6,50*

HEFT 767
*Dr.-Ing. W. Grosse, Bonn*
Internationale Organisationen der Naturwissenschaft und Technik und ihre Zusammenarbeit. Teil II
*1960, 74 Seiten, DM 18,80*

HEFT 769
*Dr. Ph. Schmidt-Schlegel, Aachen*
Deutsch-Bolivianische technische Zusammenarbeit. Die Gutachten der 1956/57 nach Bolivien entsandten deutschen Sachverständigen und ihre Auswertung
*1959, 266 Seiten, 32 Abb., zahlr. Tab., DM 55,—*

HEFT 776
*Dr. O. Neuloh und Dr. H. Wiedemann*
Arbeiter und technischer Fortschritt
*1960, 282 Seiten, 11 Abb., 52 Tabellen, DM 52,—*

HEFT 778
*Dr. phil. M. Gnielinski, Aachen*
Zur Einführung der Statistischen Qualitätskontrolle in Mittel- und Kleinbetrieben, Vorschläge und Hilfsmittel
*1959, 36 Seiten, DM 10,—*

HEFT 789
*Dr. B. Kobusch, Köln*
Die Wettbewerbsstellung des Heizöls in der westdeutschen Energiewirtschaft
*1960, 182 Seiten, zahlr. Tabellen, DM 44,60*

HEFT 793
*Dipl.-Ing. Walter Rohmert, Dortmund*
Statische Belastung bei gewerblicher Arbeit
Teil II
Dr. med. Dr. phil. Gerd Jansen, Dortmund
Grundsätzliche Bemerkungen über die experimentelle Lärmforschung *1959, 76 Seiten, DM 22,40*

HEFT 795
*Rüdiger von Treschow, Aachen*
Versuch einer Darstellung des Strukturwandels und des Konjunkturverlaufs in der Weltmaschinenausfuhr in die Entwicklungsländer
*1959, 68 Seiten, 20 Abb., mehr. Tab., DM 17,60*

HEFT 805
*H. Seligo, Aachen*
Der Zweite Portugiesische Sechsjahresplan
*1959, 150 Seiten, 20 Tab., DM 37,80*

HEFT 813
*Dipl.-Landwirt C. T. Hinrichs, Aachen*
Landwirtschaft und Tierzucht in Bolivien
*1959, 104 Seiten, 13 Abb., DM 26,70*

HEFT 819
*Dipl.-Volkswirt Dr. H. H. Kaup, Münster*
Einkommen und Textilverbrauch
*1960, 92 Seiten, DM 23,20*

HEFT 827
*Dr.-Ing. E. Sattler, Verband Deutscher Streichgarnspinner, Düsseldorf*
Disposition mit Arbeitsvorbereitung und Vertriebsvorbereitung in der einstufigen (Verkaufs-) Streichgarnspinnerei
*1960, 60 Seiten, DM 15,90*

HEFT 828
*C. Brzeskiewicz, Verband der Deutschen Tuch- und Kleiderstoffindustrie e. V., Köln, im Verein mit dem Ausschuß für wirtschaftliche Fertigung e. V., Düsseldorf*
Disposition mit Arbeitsvorbereitung und Vertriebsvorbereitung in der Tuch- und Kleiderstoffindustrie
*1960, 67 Seiten, 8 Anlagen, DM 17,90*

HEFT 838
*Dipl.-Landw. C. Th. Hinrichs, Aachen*
Die Landwirtschaft und Viehzucht in Tunesien
*1960, 69 Seiten, 4 Abb., 1 Karte, DM 21,10*

HEFT 870
*Dipl.-Phys. M. Siebker, Brüssel*
Die Möglichkeiten der Atomkerntechnik für die beschleunigte wirtschaftliche Entfaltung von Entwicklungsländern
*1960, 174 Seiten, 38 Abb., 20 Tabellen, DM 43,30*

HEFT 877
*Prof. Dr. G. Schmölders, Köln*
Steuern und Staatsausgaben in der öffentlichen Meinung der Bundesrepublik
*1960, 80 Seiten, zahlr. Tabellen, DM 20,20*

HEFT 878
*Dr. H. Boehme, Köln*
Geldwertbewußtsein und Sparerverhalten
*1960, 120 Seiten, DM 29,70*

HEFT 886
*Dr. H. Evers, Bad Godesberg*
Probleme der Regionalplanung in den Entwicklungsländern, Teil I
*1960, 112 Seiten, DM 28,—*

HEFT 907
*Prof. Dr. Dr. H. Bayer, Dortmund*
Das Unternehmen als Wirtschaftsstabilisator. I. Das Großunternehmen

Ein Gesamtverzeichnis der Forschungsberichte, die folgende Gebiete umfassen, kann bei Bedarf vom Verlag angefordert werden:

Acetylen / Schweißtechnik – Arbeitspsychologie und -wissenschaft – Bau / Steine / Erden – Bergbau – Biologie – Chemie – Eisenverarbeitende Industrie – Elektrotechnik / Optik – Fahrzeugbau / Gasmotoren – Farbe / Papier / Photographie – Fertigung – Gaswirtschaft – Hüttenwesen / Werkstoffkunde – Luftfahrt / Flugwissenschaften – Maschinenbau – Medizin / Pharmakologie / Physiologie – NE-Metalle – Physik – Schall / Ultraschall – Schiffahrt – Textiltechnik / Faserforschung / Wäschereiforschung – Turbinen – Verkehr – Wirtschaftswissenschaften.

GPSR Compliance

*The European Union's (EU) General Product Safety Regulation (GPSR) is a set of rules that requires consumer products to be safe and our obligations to ensure this.*

*If you have any concerns about our products, you can contact us on ProductSafety@springernature.com*

In case Publisher is established outside the EU, the EU authorized representative is:

Springer Nature Customer Service Center GmbH
Europaplatz 3
69115 Heidelberg, Germany

**Batch number: 10809874**

Printed by Printforce, the Netherlands